KB058102

세 살 감기,
열 살 비염

《세 살 감기, 열 살 비염》을
생생한 영상으로 만나보세요!

QR코드를 찍으면 유튜브 채널로 바로 연결됩니다. 《세 살 감기, 열 살 비염》 책 속 내용을 함소아한의원 대표 원장들이 친절하고 알기 쉽게 설명합니다. 면역력을 키우고, 감기를 이기는 건강 육아법을 만나보세요!

함소아한의원 대표 원장들이 알려주는

세 살 감기,
열 살 비염

—— 신동길·장선영·조백건 지음

부모들을 위한
감기 교과서

 세상 모든 부모가 그렇겠지만, 제 인생 최고의 순간을 꼽는다면 주저 없이 갓 태어난 딸을 처음 품에 안았던 순간이라고 말할 수 있습니다. 무척 소중하고 귀한 아이를 누구보다 건강하게 잘 키우고 싶은 게 부모의 마음입니다.

 하지만 안타깝게도 이런 간절한 마음은 생각만큼 오래 지속되지 않습니다. 아기는 엄마로부터 받은 선천 면역이 떨어지는 생후 6개월부터 각종 바이러스에 노출되면서 생애 첫 감기를 앓게 됩니다. 단체 생활을 시작하고 감기가 떨어질 날이 없어 소아과 문턱이 닳도록 드나듭니다. 기침 소리가 심상치 않더니 난생 처음 폐렴 진단을 받아 입원까지 합니다. 이쯤 되면 부모는 내가 아이를 제대로 키우고 있는지, 앞으로 어떻게 키워야 할지 막막한 기분을 느낍니다. 실제로 진료실을 찾는 많은 부모들이 이렇게 호소하고 있습니다.

따지고 보면 이런 험난한 과정에는 우리가 알고 있는 '감기'라는 질병이 있습니다. 1년 동안 아이들이 감기에 걸리는 횟수를 평균 5~8회라고 합니다. 감기 한 번에 평균 10일 정도 앓는다고 하면 열 살이 될 때까지 대략 50~80회가량 감기에 걸리고 500~800일가량 감기로 인한 열, 콧물, 기침으로 고생을 한다고 할 수 있습니다.

이는 단순 계산상의 수치가 아닙니다. 감기 때문에 가슴 졸이며 애태우는 나날이 그만큼 길다는 것을 의미합니다. 그 시간 동안 부모는 아이를 안쓰럽고 걱정스러운 눈으로 지켜봐야 합니다.

하지만 이렇게 자주 감기에 걸리고, 또 감기로 인해 중이염, 기관지염, 폐렴 등 다양한 합병증으로 고생해도, 실제 감기에 대해 제대로 모르는 부모들이 많습니다. 아이를 키울 때 감기는 큰 골칫덩어리입니다. 아이가 감기를 건강하게, 스스로 잘 이겨내기 위해서는 부모가 감기에 대해 제대로 알아야 합니다. 그래야 아이가 아플 때 불필요한 약 복용을 줄일 수 있으며, 아이의 면역력을 높여 감기를 잘 이기는 아이로 키울 수 있습니다.

딸을 둔 엄마로, 아이들을 진료하는 한의사로 12년을 보냈습니다. 엄마로서도 한의사로서도 수많은 감기와 함께한 시간이었습니다. 그동안 어떻게 하는 것이 아이에게, 또 아이를 돌보는 부모에게 가장 좋은 방법인지 고민했습니다.

아이의 감기치레로 지친 부모들을 만나면 해드리고 싶은 이야기가 많았지만 한정된 진료시간으로 인해 미처 다하지 못하는 것이 늘 아쉬웠습니다. 그 모든 이야기가《세 살 감기, 열 살 비염》을 통해 잘 전해졌으면 하는 바람을 가져봅니다. 이 책이 많은 부모들에게 유익한 감기 교과서가 되길 바랍니다.

한방내과 전문의, 한의학 박사
장선영

우리 아이 성장 마라톤의
성공적인 완주를 위해

소아 진료를 하면서 많은 부모들을 만나고 있습니다. 온전히 아이를 이해하고 싶어하고, 제대로 키우기 위해 애쓰는 부모들입니다.

저에게도 유빈, 한율 두 아이가 있습니다. 지금은 별다른 병치레 없이 건강하게 자라고 있지만, 아이들이 어렸을 때만 해도 한방소아과 수련을 하며 배운 지식이 실제로 내 아이가 아플 때 케어하는 지혜가 되기까지 고민이 많았습니다. 지나고 나면 별일 아니지만 아이가 자주 아프고 병이 오래가는 상황에서는 미리미리 공부하고, 정보를 가진 부모만이 소신 있게 아이를 키울 수 있기 때문입니다.

한의학은 양의학에 비해 다양한 관념과 해석의 차이가 존재합니다. 치료 방식을 증상별로 정리한다거나 신체 구조적으로 접근하지 않기에 시작과 끝이 보이지 않는 경우도 많습니다. 이 한의원 저 한의원에서 하는 말이 다를 수 있고, 같은 질병이라도 양의학과는 다른 관점과 분류에서 설명하기도 합니다. 이 책을 쓰기 전, 한의학에서 제시하는 관념적 사고와 해석을 부모의 눈높이에 맞춰 쉽게 풀어 쓴다면 어떨까 고민했습니다. 누구나 질병을 이해하고, 실제로 아이를 돌보는 데 많은 도움이 될 것 같다는 생각이 들었습니다.

《의학입문醫學入門》에는 "남자 열 사람의 병을 치료하기보다 부인 한 사람의 병을 치료하기 어렵고, 부인 열 사람의 병을 치료하기보다 아이 한 사람의 병을 치료하기 어렵다"라고 쓰여 있습니다. 언어 표현력이 미숙한 어린아이들은 아픈 부위를 정확하게 설명하기 어렵습니다. 어른보다 맥도 빨라서 진찰하기 어렵고 치료 역시 까다롭습니다. 그래서 꾸준한 치료 시간, 세심한 관찰, 주의가 필요할 뿐만 아니라 부모의 많은 도움이 필요합니다. 부모가 알려주는 정보가 아이의 상황을 보다 더 정확하게 이해할 수 있도록 도와줄 수 있습니다.

《세 살 감기, 열 살 비염》은 아이들의 감기와 비염 등의 호흡기 질환을 양의학적, 한의학적 관점에서 알기 쉽게 설명하고 있습니다. 병의 시작과 진행 과정은 물론 병원 치료와 가정에서 할 수 있는 예방법, 돌보기를 함께 제시합니다. 흔히 부모들이 잘못 알고 실수하기 쉬운 경우들도 짚어주고 있습니다.

아이를 키우는 일은 단거리 달리기를 하듯 한순간에 결정이 나는 일이 아닙니다. 20여 년의 세월이 걸리는 장거리 달리기와 같습니다. 이 책이 아이들의 성장 마라톤에 페이스메이커 같은 역할을 할 수 있기를 바랍니다.

한방소아과 전문의, 한의학 박사

조백건

차례

1장 왜 우리 아이는 감기를 달고 살까?

01 피할 수 없는 건강의 첫 관문, 감기 • 17

감기의 정체 | 생후 6개월 첫 감기 | 만 2~3세, 감기를 가장 많이 앓는다 | 원인은 단체생활증후군?

02 더 허약해진 요즘 아이들 • 28

미세먼지, 공기의 질을 망가뜨리다 | 체격은 크지만 부모보다 약골인 아이들 | 원인은 과잉 육아와 조급한 치료 습관

2장 감기, 바로 알아야 치료가 쉬워진다

3장 감기 치료의 정석은 따로 있다! - 사례별 감기 치료법

4장   감기 다 나았다고 안심하지 마라

- 잦은 감기의 생채기, 비염

급성 비염, 일명 코감기 | 코는 인체 공기청정기이자 가습기 | 아기에게
도 비염이 있을까? | 비염은 언제 발생할까?

왜 우리 아이는
감기를 달고 살까?

01

피할 수 없는
건강의 첫 관문, 감기

감기의 정체

감기Nasopharyngitis는 코, 인두, 기관지, 후두 등 상기도(상부 호흡기계) 점막에 발생하는 급성 바이러스 감염입니다. 감기 외에 급성 비염, 기관지염, 인플루엔자 등도 상기도 감염의 일종입니다.

감기의 99%는 200여 종의 각기 다른 바이러스에 의해 일어 납니다. 감기 환자의 코와 입에서 나오는 분비물이 재채기, 기 침을 통해 외부로 나오면 그 속에 있는 감기 바이러스가 공기 중에 떠다니다 건강한 사람의 입이나 코, 손 등에 닿아 감염을 일으킵니다.

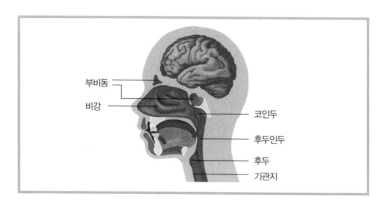

부비동

비강

코인두

후두인두

후두

기관지

✚ 상기도 구조

한의학에서는 감기를 "몸속에 사기邪氣, 나쁜 기운가 들어와 몸이 상했다"라고 합니다. 그래서 감기라는 말 대신 '감모感冒'라고 하는데, 보통 상기도 감염과 유행성 독감인플루엔자을 포괄합니다.

즉, 감기란 양의학 관점에서는 바이러스에 감염된 것이고, 한의학 관점에서는 외부의 사기에 감感한 것이지요. 밝혀진 바이러스만 200여 종이 넘듯 한의학에서 말하는 사기 또한 그 종류가 다양합니다. 면역력이 부족하고 허약한 아이들은 온갖 사기가 몸속에 들어왔을 때 그에 맞서 싸울 능력이 부족해 감기에 걸리고 맙니다. 흔히 말하듯 아이들은 찬바람이 조금만 불어도, 컨디션이 조금만 안 좋아도, 감기 걸린 친구와 함께 놀기만 해도 사기에 몸이 상합니다.

세 살 감기, 열 살 비염

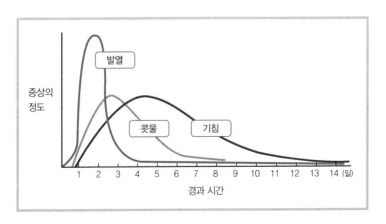

＋ 감기 증상별 경과

　감기에 걸리면 열이 먼저 오릅니다. 물론 열이 나지 않는 경우도 있습니다. 이후 코 증상이 나타나는데, 처음에는 재채기와 함께 투명한 맑은 콧물이 나오다가 여러 날이 지나면서 불투명하고 노란빛을 띠는 화농성 콧물로 변하게 되지요. 기침은 가장 나중에 나타나고 감기 증상 중 제일 오래 지속됩니다. 감기 시작 후 12~14일 무렵에 거의 사라집니다.

　별다른 합병증 없이 감기가 낫는다고 해도 발열, 콧물, 기침 등 감기 증상들이 완전히 사라지려면 2주에 가까운 시간이 소요됩니다. 만약 아이가 2주 지날 무렵 감기에 다시 걸리고 낫는 과정을 반복한다면 연간 12회 이상 감기를 앓게 되는 것입니다.

생후 6개월 첫 감기

감기로부터 안전한 아이는 없습니다. 다만 갓 태어난 아기는 모체로부터 받은 선천 면역 덕분에 온갖 위협 요소가 넘치는 세상에 적응할 힘을 얻습니다. 여기에 최고의 면역 성분을 함유한 모유를 먹고 온 가족으로부터 애지중지 보호를 받으니 자연히 사기와 접촉할 기회가 적습니다.

하지만 생후 6개월이 되면 이유식을 시작하고 외출이 잦아집니다. 기기 시작하면서 바닥에 있는 것들을 입에 가져가 빨기도 합니다. 선천 면역은 급격히 줄어들고, 아기 스스로 만들어 내는 후천 면역은 턱없이 부족합니다.

이 무렵 아기는 생애 첫 감기를 앓습니다. 사기에 접촉할 기회가 많아지고, 줄어든 면역력을 아기 스스로 키우려는 틈새를 사기가 비집고 들어온 것이지요. 그리고 한 번 감기를 앓게 된 아기는 얼마 지나지 않아 '감기 달고 사는 아이'가 됩니다. 그러면 아기 스스로 면역력을 키워 감기를 이겨낼 수 있는 시기는 언제일까요? 언제쯤 감기를 달지 않고 살 수 있을까요?

아기가 태어날 당시 모체로부터 받은 선천 면역은 성인과 비슷한 수준입니다. 그러나 생후 5~6개월 무렵 그 수치가 절반 이하로 감소합니다. 모체로부터 받은 면역은 감소하지만, 다행히 출생 직후 아기 스스로 만드는 면역이 증가하기 시작해 만 1세 때는 성인의 50~60%, 만 3세 때는 성인의 70%에 이르게 됩니다. 그리고 만 7세 이후 성인의 90% 가까이 도달하면서 점차 성인과 비슷한 수준의 면역 기능을 완성합니다.

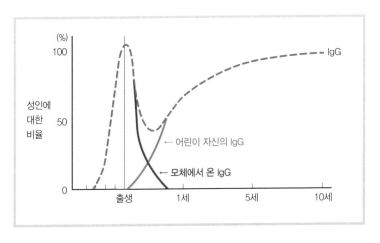

✛ 출생 후 연령별 면역 글로불린(IgG) 변화

만 2~3세, 감기를 가장 많이 앓는다

〈대한의사협회지〉(41권 제11호)에 따르면 생후 12개월 이하의 영아는 연 6.7회, 만 1~5세 유아는 연 7.4~8.3회, 10대 소아 청소년은 연 4.5회의 감기를 앓는다고 합니다. 면역 기능이 불안정한 만 1~5세의 영유아가 연 9회에 이르는 가장 많은 감기 횟수를 보여주고 있습니다. 물론 '건강한 아이'는 평균적으로 1년에 5~8회 정도 감기에 걸립니다.

함소아한의원에서는 2018년 한 해 동안 감기, 잦은 감기, 오래가는 감기, 감기 예방 등으로 내원한 환자(25만 1,051명)를 연령별로 분석했습니다. 그 결과 만 2~3세 미만이 가장 많은 비중(4만 8,748명)을 차지하는 것으로 나타났습니다. 감기 환자는 선천 면역이 떨어진 상태에서 단체 생활을 시작하는 만 1세 이후 폭발적

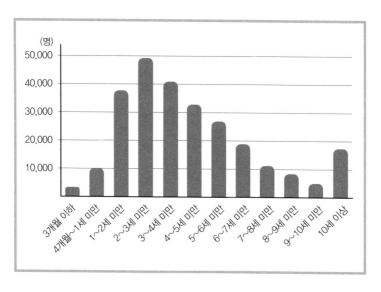

✚ 감기 내원 환자 연령별 비율(함소아한의원, 2018년)

세 살 감기, 열 살 비염

으로 증가했으며, 대다수 유아가 활발히 단체 생활을 하는 만 2세 부터 4세까지 정점을 찍었습니다.

아이들이 가장 치열하게 감기와 싸우는 시기, 선천 면역과 후천 면역이 교차하는 생후 6개월부터 만 3세까지는 이른바 '면역 혼란기'입니다. 그리고 이 시기에 대다수 아이들이 어린이집이나 유아교육기관에서 단체 생활을 시작합니다.

2000년대 후반까지만 해도 아이들은 대개 만 3~4세 이후에 어린이집, 유치원에서 첫 단체 생활을 시작했습니다. 손 씻기, 대소변 가리기, 밥 먹기 등 가장 기본적인 신변 처리가 어느 정도 가능한 나이였지요. 그러나 출산율이 저하하고 맞벌이 가정이 증가하자 정부가 만 0~5세 자녀의 보육료, 만 3~5세 자녀의 유아학비를 지원하게 되었고, 당연한 결과로 아이들의 단체 생활 시작이 빨라졌습니다. 이제 만 1~2세 아이들이 단체 생활을 하는 것은 매우 흔한 일이 되었습니다.

원인은 단체생활증후군?

면역 혼란기, 아직 면역 기능이 안정되지 않은 아이들이 같은 공간에서 함께 어울리다 보면 여러 병원균이나 사기에 노출되는 빈도가 높아지는 것은 당연합니다. 아무리 손 씻기, 양치질하기, 기침 예절 등 개인 위생을 아이들에게 가르쳐도, 교사 한두 명이 아이들 한 명 한 명을 지켜가며 바이러스 감염을 차단할 수는 없습니다. 한 반에서 한 명이 감기를 앓게 되면 다른 아이들이 우르르 감기를 앓게 되기까지 그리 오래 걸리지 않습니다. 감기를 비롯해 수족구, 결막염, 장염, 수두 같은 각종 유행성 질환에 전염되는가 하면 비염, 부비동염(축농증), 변비, 식욕 부진 등의 증상을 겪기도 합니다. 이것이 바로 '단체생활증후군'입니다.

함소아한의원에서 단체 생활을 하는 아이의 부모(718명)를 대상으로 실시한 설문조사에서도 이 같은 사실을 확인할 수 있었습니다. 전체 응답자의 50%(358명)가 '아이가 단체 생활을 시작하고 자주 감기에 걸린다'고 답했으며, 응답자의 73%(522명)가 가장 염려되는 질환으로 감기를 꼽았습니다. 이런 탓에 많은 부모들이 감기나 전염성 질환이 유행할 때는 아이를 어린이집이나 유치원 등에 보내기 꺼려진다고 답하는 것이겠지요.

아이가 단체 생활을 시작하면서 이런 과정을 겪는 일은 어쩌면 자연스러운 수순입니다. 온실의 화초처럼 집 안에서 곱게 자라던 아이가 또래 아이들과 새로운 환경에 적응하는 일은 적지 않은 스트레스가 될 수 있습니다.

물론 괜찮은 아이도 있습니다. 감기 걸린 아이와 하루 종일 같

세 살 감기, 열 살 비염

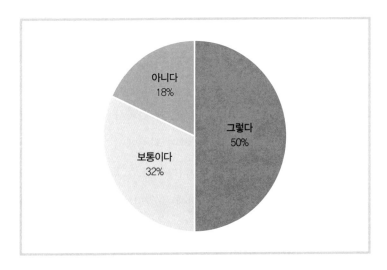

✚ 단체 생활을 시작하고 자주 감기에 걸린다(총 718명 대상)

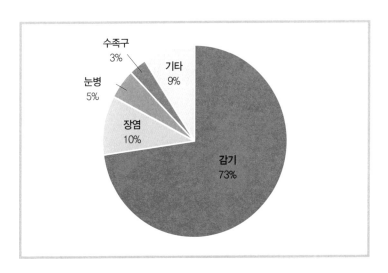

✚ 단체 생활에서 가장 염려되는 질환(총 718명 대상)

은 공간에서 시간을 보내도 멀쩡한 아이지요. 이것이 바로 면역력, 한의학에서 말하는 정기正氣의 힘입니다. 정기는 체력이나 생명력을 의미하는데, 정기가 강하면 몸속의 기운이 막힘 없이 잘 순환되어 체내에서 일어나야 할 기운의 변화가 활발히 진행됩니다. 면역력이 그렇듯이 정기가 강해야 외부에서 침입해 들어오는 병원체에 맞서 싸워 이길 수 있습니다.

단체생활증후군으로 잦은 질병에 노출되면 아이의 기초 체력은 물론 나아가 신체 발달이나 학습 능력까지 저하되는 악순환을 겪을 수 있습니다. 이런 상황을 초래하지 않으려면 부모가 단체생활에 대비해 아이의 정기를 다져두어야 합니다. 부모가 아이를 어떻게 돌보는지, 아이의 질병에 어떻게 대처하는지에 따라 정기가 강한 아이로 크느냐 크지 않느냐가 판가름 나기 때문입니다. 정기, 면역력이 강한 아이가 건강하게 자라는 것은 당연합니다.

체크리스트 우리 아이도 단체생활증후군일까?

- 등원 한 달 사이에 질병을 2회 앓았다 ⬜
- 감기에 걸리는 횟수가 부쩍 늘었다 ⬜
- 감기가 오래가면서 중이염, 기관지염 등 합병증이 잦아졌다 ⬜
- 감기가 폐렴으로 발전해 입원까지 했다 ⬜
- 수족구, 결막염 등 유행성 질환에 꼭 감염된다 ⬜
- 예방접종을 했는데도 홍역, 수두에 걸렸다 ⬜
- 부쩍 짜증이 늘고 아침에 일어나기 힘들어한다 ⬜
- 식욕이 떨어지고 성장 속도가 느려졌다 ⬜

▶ 2개 이하   아직 지켜봐도 되는 상황이지만, 아이 건강 관리를 소홀히 하면 언제든 단체생활증후군의 조짐을 보일 수 있다.

▶ 3~4개   단체생활증후군의 조짐이 보인다. 부모의 세심한 주의가 필요하며, 아이가 단체 생활의 이점을 잘 얻고 있는지 확인해야 한다.

▶ 5개 이상   아이가 단체생활증후군에 시달리고 있거나 시달릴 가능성이 높다. 주치의에 의한 전문적이고 체계적인 관리가 필요하다.

02

더 허약해진
요즘 아이들

미세먼지, 공기의 질을 망가뜨리다

아이들이 단체 생활을 조금 더 일찍 시작하게 된 것과 더불어 육아에서 달라진 것이 또 하나 있습니다. 매일 아침, 외출 전 그날의 미세먼지 농도를 확인하는 일입니다. 미세먼지 농도가 '좋음'이면 아이와의 외출이 가벼워집니다. 거추장스러운 보건용 마스크를 쓰지 않아도 되고, 야외 활동도 마음껏 할 수 있습니다. 반면 '매우 나쁨'이면 외출은커녕 집 안 환기를 위해 창문도 열어놓지 못합니다. 거실의 공기청정기 한 대에 의지해 창밖의 잿빛 풍경

만 바라볼 뿐이지요. 미세먼지가 대체 무엇이길래 이렇게 우리의 일상을 장악하게 되었을까요?

미세먼지는 입자가 매우 작은 먼지로 입자 지름이 10㎛보다 작은 먼지를 말합니다. 지름이 2.5㎛보다 작은 먼지는 초미세먼지라고 합니다. 보통 미세먼지는 석탄, 석유 등 화석 연료를 태울 때나 공장, 자동차 등의 배출 가스에서 많이 발생하는데 눈에 보이지 않을 만큼 매우 작기 때문에 대기 중에 떠다니거나 바람에 흩날리다 호흡기를 통해 우리 몸에 쉽게 침입합니다.

오염 물질에서 발생하는 만큼 미세먼지에는 황산염, 질산염, 탄소류, 광물, 카드뮴, 납 등과 같은 유해 중금속이 섞여 있습니다. 그래서 일단 체내에 흡수되면 알레르기 비염, 결막염, 기관지염, 폐기종, 천식, 폐렴 등과 같은 호흡기·알레르기 질환은 물론 각종 피부염이나 두드러기 등을 유발할 수 있습니다. 그뿐 아니라 입자가 매우 작기 때문에 호흡기를 통해 폐포허파꽈리. 혈액 순환을 통해 혈액 내의 이산화탄소와 산소를 교환하는 조직호흡이 이루어진다까지 도달하고 혈류를 통해 각 신체 기관, 조직 곳곳으로 흘러 들어갑니다. 그래서 미세먼지는 호흡기계가 미성숙하거나 허약한 어린아이와 노인에게는 더욱 위협적이며, 일단 체내에 흡수되면 몸 밖으로 배출하기 어렵습니다.

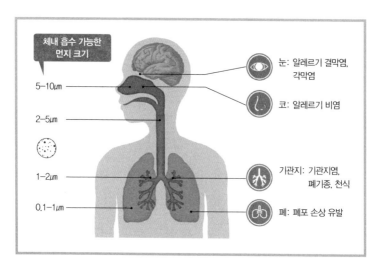

체내 흡수 가능한
먼지 크기

5~10㎛
2~5㎛
1~2㎛
0.1~1㎛

눈: 알레르기 결막염,
각막염

코: 알레르기 비염

기관지: 기관지염,
폐기종, 천식

폐: 폐포 손상 유발

✚ 미세먼지로 인한 주요 질병

NOTE▷ 미세먼지로 인한 호흡기 손상 예방에 효과 있는 '경옥고'

2019년 경북대학교 약학대학 배종섭 교수팀의 〈미세먼지가 유발하
는 염증 반응에 대한 경옥고의 억제 효과Inhibitory effects of Kyung-Ok-
Ko, traditional herbal prescription, on particulate matter-induced vascular barrier
disruptive responses〉 연구 논문이 SCI급 국제 학술지 〈국제환경보건 연
구저널International Journal of Environmental Health Research〉에 발표되었다.
배종섭 교수팀은 경옥고가 미세먼지로 인한 체내 산화 스트레스, 기
도 염증, 폐 손상을 예방하고 호흡기를 보호한다고 밝혔다. 한약이 미
세먼지로 인한 질병 치료에 효과가 있다는 연구 결과가 속속 드러나
고 있다.

체격은 크지만 부모보다 약골인 아이들

우리 아이들이 부모 세대보다 신장과 체중 등 신체 발달 면에서 앞섰다는 것은 잘 알려진 사실입니다. 부모 세대(1987년)와 자녀 세대(2017년)의 소아청소년 발육 현황을 비교하면 한눈에 알 수 있습니다. 신장, 체중에서 또래 중간치인 백분위수 50을 기준으로 살펴봤을 때 만 12세 남아의 경우 30년 전보다 키는 6.91cm 커졌고, 체중은 10.03kg 증가했습니다.

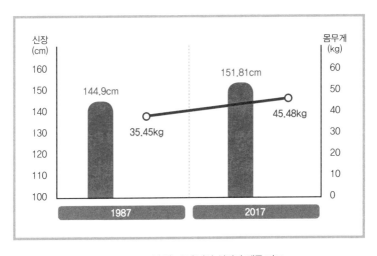

✛ 1987·2017년 만 12세 남아 신장과 체중 비교

교육부에서 발표한 지난 몇 년간의 학생 건강검사 표본 통계

를 살펴봐도 아이들의 신체는 꾸준히 발달하고 있습니다. 초등학교 6학년 남학생의 평균 신장이 2005년 149.1cm에서 2010년 150.2cm, 2015년 151.4cm, 2018년에는 152.2cm를 기록했습니다. 초등학교 6학년 여학생의 경우 2005년 150.3cm, 2010년 151.2cm, 2015년 151.9cm, 2018년 152.2cm를 기록했습니다.

하지만 아이들은 그저 체격만 커졌을 뿐 운동 능력이나 병에 대한 저항력 등은 모두 부모 세대보다 한참 뒤떨어집니다.

여기에는 몇 가지 이유가 있습니다. 먼저 부모 세대는 아침에 일어나면 밖으로 나가 놀이터나 공터에서 흙을 밟으며 뛰어놀았습니다. 햇빛을 받고 신선한 공기를 들이마시면서 피부와 호흡기가 저절로 튼튼해졌습니다. 자연에서 주는 천연 면역력을 선물로 받은 셈이지요. 섭취하는 음식 또한 세끼 식사를 밥으로 하고 간식으로 과일, 감자, 옥수수, 고구마, 부침개 등을 먹었습니다. 불량식품이라고 해도 기껏해야 과자, 사탕, 아이스크림이 대부분이었습니다. 건강하고 균형 잡힌 식습관으로 면역력이 강화되어 감기에 걸려도 하루 이틀 앓고 나면 거뜬히 털고 일어났습니다.

그러면 우리 아이들은 어떨까요? 모유 수유를 통해 아기에게 면역력을 줄 수 있다는 사실과 모유 속에 다양한 영양 성분이 있다는 사실이 널리 알려지면서 '완모'를 하겠다는 엄마들이 많아졌지만 환경적, 신체적 한계로 인해 분유 수유를 하는 엄마들이 더 많습니다. 모유와 유사한 면역 성분을 보강했다는 프리미엄 분유, 수입산 분유가 모유를 대신합니다. 이유식도 온라인 쇼핑과 배송 시스템이 원활해지면서 레토르트형 이유식들이 인기를 끌고 있습니다. 부모 세대보다 가공 식품에 노출되는 기회가 확연히 빨라지고, 많아진 것이지요.

주거 환경도 무시할 수 없는 요인입니다. 우후죽순으로 아파트 단지가 들어서면서 가까운 곳에서 자연을 접할 기회는 사라졌습니다. 아이들이 뛰어놀 수 있는 공간은 단지 내 놀이터나 밀폐된 실내 놀이터가 전부입니다. 일찍 사교육 행렬에 들어서면 아이들은 문화센터를 시작으로 온갖 학원을 순례하느라 바쁜 하루를 보냅니다. 집에 있어도 학습지를 하거나 디지털 기기로 온라인 학습을 합니다. 자연 속에서 마음껏 뛰어노는 일은 어지간해서 힘든 일이 되었습니다.

원인은 과잉 육아와 조급한 치료 습관

서구식 생활 문화와 풍부한 영양 섭취 등으로 아이들의 체격은 좋아졌지만 체력이나 면역력은 그다지 나아진 것이 없습니다. 각종 유해 환경과 위협 요소들 때문이겠지만 여기에는 아이를 키우는 부모의 양육 태도가 예전보다 조급해지고 과잉된 탓도 있습니다.

보통 감기는 잘 쉬고, 잘 먹고, 체온 조절을 잘하면 낫는 병입니다. 소화가 잘되는 따뜻한 유동식과 물을 먹이고, 온습도가 적절히 맞춰진 실내에서 무리하지 않고 편안히 쉬면 급성 증상은 2~4일이면 가라앉습니다. 콧물이 나면 코가 막히지 않도록 수분 섭취와 실내 습도에 신경 쓰고, 기침을 하면 상체를 세워 앉혀 가래 배출이나 호흡을 편안하게 해주면 됩니다. 그동안 아이의 면역 체계는 외부에서 침입한 바이러스에 맞서 싸웁니다. 염증 반응으로 열이 나고 콧물, 기침이 나지만 이 싸움에서 이기면 염증도 가라앉고 증상은 수그러듭니다. 이후 다시 감기에 걸리면 이전에 싸웠던 경험을 토대로 더 쉽게 싸워 이기면서 아이의 면역 능력치는 점점 커집니다.

하지만 부모들은 걱정스러운 마음에 어느새 아이를 안고 동네 소아과로 달려갑니다. 콧물이 나오면 코감기 약을 처방받고 기침이 심해지면 기침약을 보탭니다. 열이 오르거나 감기 증상이 바로 잦아들지 않으면 다시 병원을 방문해 항생체 처방을 문의합니다. 그러나 감기로 몇 차례 소아과를 방문해 본 부모라면 알 것입니다. 항생제를 과도하게 사용하는 일부 병의원을 제외하고, 요즘 대다수의 병의원은 아이 감기가 심하지 않으면 바로 항생제를 처방하지 않습니다. 증상의 경과를 보며 좀 더 기다려 보자고 이야기합니다. 과도한 사용이 문제가 되는 항생제나 해열제도 어떻게 보면 부모의 조급한 양육 태도 때문에 처방되는 것일 수도 있습니다. 약물에 의존하는 치료 습관을 갖는다면 아이 스스로 감기를 떨쳐낼 기회를 차단하는 것입니다.

바이러스가 침입했을 때 스스로 맞서 싸우지 않고 '용병'의 도움으로 해결하다 보니 생각보다 적을 빨리, 순조롭게 물리쳤다고 오해하게 됩니다. 이런 과정을 반복하다 보면 어느새 자기 방어력은 누군가 지원해주지 않으면, 다시 말해 약물의 도움 없이는 어떤 병원체와도 싸울 수 없고 당연히 이길 수도 없습니다. 아이의 면역력은 떨어지고 성장기 내내 잔병치레에 시달리게 되는 것이지요.

아이가 제대로 성장하고 평생 건강하게 살아가도록 그 기초를 만들어주는 일은 부모의 책임입니다. 부모가 어떤 양육 태도로 육아에 임해야 하는지, 아이가 아플 때 현명한 치료 습관은 무엇인지 공부하고 실천해야 합니다. 생애 첫 감기에 걸렸을 때 어떻게 대처하느냐에 따라 이후 아이의 면역 체계가 약물에 의존할지 아니면 자생하는 힘을 갖게 될지 결정됩니다. 어떻게 해야 내 아이가 면역력을 단련할 수 있을지 그리고 '평생 건강'을 선물로 받을 수 있을지 지금부터 꼼꼼히 살펴보겠습니다.

아이가 감기에 걸렸다! 나의 치료 습관은?

부모가 어떤 치료 습관을 선택하느냐에 따라 아이의 평생 건강이 결정됩니다. 평소 아이의 건강 상태를 부모가 잘 파악하고 감기를 잘 예방하고 있는지 알아봅니다. 각 문항을 읽고 해당하는 사항에 표시합니다.

1. 다음 중 아이에게 해당하는 사항을 모두 골라보자.

  ① 또래에 비해 키가 작거나 몸이 말랐다

  ② 하루 종일 놀거나 놀이방, 어린이집 등을 다녀오면 쉽게 피곤해하고 다음 날까지도 힘들어한다

  ③ 현재 아토피 피부염, 비염, 천식 등 기타 알레르기 질환을 앓고 있다

  ④ 최근 3개월 사이 감기나 중이염, 비염, 장염 등에 반복해서 걸렸다

2. 지난 1년 동안 아이가 감기에 걸린 횟수는 몇 번인가?

  ① 6회 미만

  ② 6~7회 정도

  ③ 10~12회 정도

  ④ 13회 이상

3. 아이가 감기에 걸리면 증상이 지속되는 기간은 며칠인가?

　① 3일 이내

　② 1주일 이내

　③ 2주일 이내

　④ 2주일 이상

4. 다음 중 아이에게 해당하는 사항을 모두 골라보자.

　① 늘 기운이 없고 처져 있다

　② 손발이 차고 몸도 찬 편이다

　③ 코피가 자주 난다

　④ 땀을 많이 흘린다

　⑤ 얼굴에 윤기가 없고 창백하다

　⑥ 차를 탔을 때 멀미를 자주 한다

　⑦ 귀밑 목 부분에 임파 결절이 자주 생긴다

5. 다음 중 아이에게 해당하는 사항을 모두 골라보자.

　① 감기에 자주 걸리고 오래간다

　② 기침을 자주 한다

　③ 재채기, 콧물, 코막힘이 흔하다

④ 편도가 크고 잘 붓는다

⑤ 감기 후 부비동염(축농증), 중이염, 기관지염 등 합병증이 잘 생긴다

⑥ 눈 밑이 검푸르다

⑦ 환절기에 호흡기 질환을 자주 앓는다

⑧ 가래가 많다

6. 다음 중 우리 아이에게 해당하는 사항을 모두 골라보자.

① 소변을 조금씩 자주 본다

② 오줌을 지리며 야뇨증이 있다

③ 얼굴이 잘 붓는다

④ 골격계가 약하다

⑤ 머리카락이 누렇고 잘 자라지 않는다

⑥ 여자아이의 경우 질 분비물이 나온다

⑦ 얼굴이 검은 편이고 유독 추위를 잘 탄다

⑧ 치아 발육이 늦고 충치가 잘 생긴다

평가 결과 보기

아래 점수표를 토대로 표시한 항목에 해당하는 점수를 모두 더한다.

1번 문항	2번 문항	3번 문항	4번 문항	5번 문항	6번 문항
① 2점	① 0점	① 0점	① 1점	① 2점	① 1점
② 2점	② 2점	② 2점	② 1점	② 2점	② 1점
③ 2점	③ 4점	③ 4점	③ 1점	③ 2점	③ 1점
④ 2점	④ 6점	④ 6점	④ 1점	④ 2점	④ 1점
			⑤ 1점	⑤ 2점	⑤ 1점
			⑥ 1점	⑥ 2점	⑥ 1점
			⑦ 1점	⑦ 2점	⑦ 1점
				⑧ 2점	⑧ 1점

총합 20점 이하 현재 호흡기 질환이 아이의 성장에 크게 영향을 미치지 않는 상황이다. 또한 앞으로 호흡기 질환이 아이의 성장 발달에 나쁜 영향을 주지 않는다.

총합 21점에서 34점 사이 평소 부모가 올바른 치료 습관을 가지고 아이의 호흡기 면역력 강화에 더욱 신경 쓰는 편이 바람직하다. 그래야 아이의 성장 발달에도 도움이 되며 동시에 호흡기 질환을 이겨낼 수 있는 힘도 길러 줄 수 있다.

총합 35점 이상 잦은 호흡기 질환이 현재 아이의 성장에도 영향을 주는 상태이다. 하루빨리 아이의 성장 관리를 기본으로 하는 장기 대책을 마련해야 한다.

2장

감기, 바로 알아야
치료가 쉬워진다

01

감기에 대한 오해와 진실

감기는 병이 아니다?
병을 이기기 위한 백신이다!

인류의 시작 이래 지금까지 동고동락하고 있는 감기에는 아직 마땅한 특효약이 없습니다. 대다수 의료인이 추천하듯이 가장 좋은 감기 치료법은 쾌적한 환경에서 편안히 휴식을 취하며 수분 섭취에 신경 쓰고, 소화가 잘되는 양질의 식사를 하는 것입니다.

만약 감기에 걸려 병원 진료를 받는다면 대부분의 병원은 열, 콧물, 기침, 인후통 등의 증상을 가라앉히는 대증요법對症療法으로 치료합니다. 대증요법은 병이 났을 때 그 병의 원인을 치료하지 않고 겉으로 드러나는 증상을 치료하는 방법이지요. 열이 나면 해열제를 쓰고, 설사를 하면 지사제를 쓰는 것이 대증요법입니다.

반대로 병의 원인을 없애는 치료법을 원인요법原因療法이라고 합니다. 증상보다 원인을 치료하는 쪽이 장기적으로 좋지만 질병에 따라서는 증상이 환자에게 큰 고통을 줄 수 있으므로 대증요법이 편리하게 쓰입니다. 감기도 감기 자체를 치료하기보다 감기로 인한 증상을 가라앉히기 위해 약을 처방합니다. 증상이 가라앉으며 불편감이나 통증을 완화시키고, 점차 증상이 사라지면서 감기에서 벗어나게 됩니다.

하지만 병의 원인이 아닌 증상을 치료한다고 해서 감기를 만만하게 봐서는 안 됩니다. 감기는 만병의 근원입니다. 감기 증상을 가볍게 여겼다가 자칫 중이염, (모)세기관지염, 기관지염, 폐렴 등과 같은 합병증으로 이어질 수 있습니다. 기관지 천식이나 기관지 확장증, 심장병과 같은 기저 질환을 가진 아이라면 감기로 인해 급성 호흡 부전, 호흡 곤란 등의 위험한 상황에 처할 수 있습니다. 또한 감기보다 훨씬 위험한 질환들이 발병 초기에는 감기와 유사한 증상으로 보이는 경우도 많습니다. 고열과 두통, 설사, 구토 등의 증상을 보인다고 모두 감기라고 여기면 큰일납니다.

단언컨대, 아이가 보이는 감기 증상을 가볍게 여겨서는 안 됩니다. 그러나 감기 자체만을 놓고 보면 감기를 '병'이라고 하기보다 '중요한 경험'으로 인식하는 일이 필요합니다. 몸속에 바이러스 같은 사기가 침입했을 때 아이가 자신의 면역 체계로 병을 이기는 승리의 경험을 맛보도록 해야 합니다. 이 경험은 다른 큰 병을 이겨낼 수 있도록 면역력을 강화시킵니다.

부모가 아이의 감기를 병이라고 생각하고 빨리 낫게 하기 위해 성급히 약으로만 치료하려고 하면 아이의 '면역력 강화 훈련'을 빼앗는 것입니다. 우리 몸의 면역 체계가 해야 할 일을 외부에서 들여온 약물이 처리한다면 아이는 자신의 면역 체계를 훈련하고 더 강하게 만들 기회를 잃습니다. 그리고 결과적으로 더 자주, 더 심하게 감기에 시달리게 됩니다. '감기는 병이 아니다. 큰 병을 이기기 위한 백신이다'라고 생각해야 아이가 감기에 걸렸을 때 현명하게 대처할 수 있습니다.

감기 달고 살면 커서 건강하다?
너무 잦으면 아이의 성장을 지연시킨다!

"걱정하지 마라. 어릴 때 잔병치레하는 아이가 커서 건강하다."

나이 든 어르신들이 아이가 아플 때마다 종종거리는 젊은 부모를 보며 하는 말씀입니다. 자꾸 아이가 아픈 것을 속상해하는 엄마를 위로하는 말일 수도 있고, 실제로 자식들을 키워본 데에서 터득한 나름의 경험담일 수도 있습니다.

요즘 아이들은 감기를 예전보다 자주 앓고 또 감기에 걸렸다 하면 오래가는 추세입니다. 한 달에 2회 이상 감기에 걸리는 아이들이 많고 감기약을 먹어도 증상이 2주 가까이 지속되는 것이 보통이지요. 이런 아이들 모두에게 어른들 말씀처럼 '자라면 건강해지겠지'라는 기대가 통하리란 보장은 없습니다.

어릴 때 잔병치레하던 아이가 나중에 건강하다는 말에는 최소한 두 가지 전제 조건이 필요합니다. 첫째 감기를 앓을 만큼 앓아 보고, 둘째 감기를 스스로 이겨낼 만큼 훈련을 받아야 합니다. 여기서 '감기를 앓을 만큼 앓아 봤다'는 우리가 흔히 평균이라고 말하는 1년에 5~8회 정도의 횟수를 의미합니다.

아예 감기에 걸리지 않는 편이 정말 건강한 것이 아닐까 의구심이 들 수 있습니다. 하지만 그런 아이들은 오히려 외부의 사기, 바이러스 등에 훈련 받을 기회가 애초부터 없었다는 이야기가 됩니다. 적과의 싸움은 병사들을 지치게도 하지만, 더욱 단결하고 강하게 만드는 과정이기도 합니다. 감기에 잘 걸리지 않는 아이는 면역력을 강화할 기회를 얻지 못하기 때문에 나중에 외부에서 강한 사기가 침입하면 이겨낼 방도가 없습니다. 내부 면역 체계는 처음 만난 강한 적에 우왕좌왕할 뿐이지요. 주변에서 "평소에는 아주 건강한데 한 번 아프면 크게 앓아요" 하는 사람들을 종종 보셨을 것입니다.

반대로 감기를 달고 산다면, 이미 이것은 아이의 면역력에 이상이 있다는 신호입니다. 면역력이 바닥으로 떨어지면 외부에서 약간의 자극만 가해도 아이의 방어력이 손쉽게 무너져 잦은 감기에 시달리게 됩니다.

아이가 감기를 앓는 동안에는 아이 몸의 모든 에너지가 면역 기능에 집중됩니다. 외부에서 들어온 사기에 맞서 싸우느라 혈액순환을 비롯해 소화, 영양 흡수, 분비 등 신체 전반의 기능이 평소와 다른 양상을 보입니다. 그래서 감기를 앓는 동안 아이의 성장은 제자리걸음을 합니다. 문제는 감기를 앓고 난 다음 신체 기능이 정상적으로 돌아가기 전에 또다시 감기에 걸리는 일입니다. 에너지가 바닥 난 상황에서 또 감기와 싸우는 악순환을 반복해야 하지요. 잦은 감기의 굴레에서 벗어나지 못한 아이는 결국 성장 부진의 늪에 빠지게 됩니다.

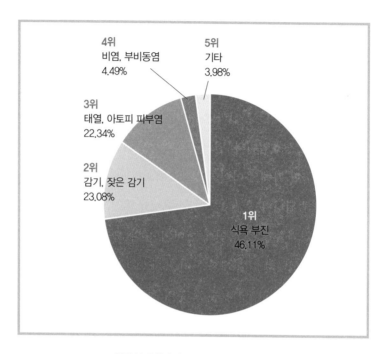

4위
비염, 부비동염
4.49%

5위
기타
3.98%

3위
태열, 아토피 피부염
22.34%

2위
감기, 잦은 감기
23.08%

1위
식욕 부진
46.11%

✚ 성장 부진 환아의 부수 질환(총 26,768명 대상)

열은 아이에게 해롭다?
감기와 싸우기 위해 필요하다!

감기에 걸렸을 때 열이 나는 증상은 매우 정상적인 반응입니다. 그리고 필요한 기능이기도 하지요. 감기로 인한 열은 체온 조절 중추에 의해 '지도' 혹은 '감독'되는데 이는 우리의 뇌를 손상시키지 않는 시스템으로 이루어져 있습니다. '시스템'이라고 표현한 것은 우리 몸이 열을 발생시키고 다시 열을 떨어뜨리는 과정이 일정한 법칙에 따라 움직이기 때문입니다.

외부에서 침입자가 들어오면 우리 몸의 체온 조절 중추에서는 침입자와 싸우기 위해 대사 작용을 촉진하는 열을 냅니다. 우리 몸이 열을 내려면 근육을 움직여야 하는데, 몸이 덜덜 떨리는 오한惡寒이 나는 것도 이런 이유입니다.

오한은 근육이 떨리면서 열이 올라가는 현상입니다. 그러다 체온이 싸우기에 적정한 온도, 대략 39℃ 전후에 도달하면 한계점에 다다랐다고 판단해 오한을 가라앉힙니다. 오한이 가라앉으면 근육의 떨림이 잦아들고 열도 떨어지기 시작합니다. 그리고 열이 정해진 한계점 밑으로 떨어지면 다시 외부 침입자와 싸우기 위해 열을 올립니다. 밤새 몇 번씩 열이 오르락내리락하는 것은 이 때문이지요.

발열은 아이가 외부에서 들어온 침입자와 싸우고 있다는 신호입니다. 부모는 이 신호를 통해 아이가 감기와 잘 싸우고 있는지 39℃ 이상의 열이 수일간 지속되지 않는지 등 아이의 상태를 관찰할 수 있습니다.

발열이 주는 이로움

- 항체, 백혈구의 작용을 활발하게 한다
- 바이러스의 복제 속도를 둔화시킨다
- 세균의 성장과 이동성을 감소시킨다
- 면역의 효율성을 증가시키고 조직 회복을 빠르게 한다

발열이 주는 해로움

- 에너지 소모를 유발한다
- 산소 소비량 및 심장 박출량을 증가시킨다
- 45℃ 이상일 경우 체온 조절 중추 기능이 마비될 수 있다
- 대사율이 증가하면 허약한 소아는 스트레스를 받을 수 있다

독감은 독한 감기일 뿐이다?
원인부터 치료법까지, 다른 질병이다!

결론부터 말하자면 '독감'과 '감기'는 다른 질병입니다. 바이러스 감염에 의한 호흡기 질환이라는 점은 같지만 원인이 되는 바이러스의 종류가 다릅니다. 감기는 라이노바이러스, 코로나바이러스, 아데노바이러스 등 200여 종에 의한 바이러스가 염증을 일으켜 발생하는 질환입니다. 계절과 상관없이 감염될 수 있고 발

열, 콧물, 기침, 인후통 등의 증상이 나타납니다.

반면 독감은 인플루엔자 A·B·C형 바이러스가 원인으로 보통 추운 겨울에 유행합니다. 그래서 유행성 독감, 유행성 인플루엔자 라고도 말합니다. 1~5일간의 잠복기가 지나면 39℃에 이르는 고열, 기침, 콧물, 두통, 근육통, 복통, 구토 등의 증상이 나타나는데, 증상의 정도가 감기보다 심합니다. 그래서 독감에 감염되면 '타미플루', '페라미플루' 등의 항바이러스제를 5일가량 복용하고, 증상에 따른 약도 함께 복용합니다.

독감이 '독한 감기'일 뿐이라고 오해하는 사람들은 "왜 독감 예방접종을 했는데 감기에 걸리나요?"라는 질문을 하기도 합니다. 독감 예방접종은 그 해 유행할 인플루엔자 바이러스에 적합한 백신 접종일 뿐 다른 감기 바이러스를 모두 예방해주지는 않습니다.

그러면 독감 예방접종의 효과는 어느 정도일까요? 예방률은 70~90% 정도입니다. 간혹 신종 바이러스가 출현하면 백신도 무용지물이 되기 때문에 '완벽한' 예방은 어렵습니다. 게다가 면역력이 떨어진 상태에서는 백신의 효과가 상대적으로 떨어질 수 있습니다. 따라서 예방접종의 효과를 위해서라도 평소 면역력을 탄탄히 하는데 힘써야 합니다. 손 씻기, 마스크 착용하기, 양치질하기 등 일상생활에서 개인위생 수칙을 잘 지키는 것도 중요합니다.

기침을 오래하면 폐렴이 된다?
기침보다 숨소리가 중요하다!

감기가 '상기도' 감염이라면 폐렴은 '하기도' 감염으로, 감기 때문에 발생한 상기도의 염증이 기관지 안쪽 세기관지를 거쳐 호흡기 가장 깊숙한 조직인 폐포까지 번진 상태입니다.

호흡기 전반의 기능이 미숙하고 면역력이 약한 어린아이들은 감기, 유행성 독감, 기관지염 등의 합병증으로 폐렴이 생길 수 있습니다. 특히 만 2~3세 이하 영유아의 경우 세균 감염에 의한 폐렴보다 바이러스 감염에 의한 폐렴이 더 많습니다.

폐렴의 초기 증상은 발열, 기침 등 감기와 비슷합니다. 그러다 증상이 본격화되면 39~40℃의 고열이 지속되고, 가래와 함께 기침을 심하게 합니다. 기침 때문에 잠을 설치기도 하고 심지어 구토를 할 수도 있습니다. 보통 감기와 비슷한 증상으로 시작되거나 감기에서 갑작스럽게 폐렴으로 진전되기 때문에 처음에는 눈치채기 어렵습니다. 그래서 부모들은 아이가 감기 치료를 받다 기침이 유독 오래가고 심하면 폐렴이 될까 지레 겁을 먹기도 합니다.

기침은 콧물과 마찬가지로 우리 몸의 중요한 방어 기전입니다. 가래 같은 기도의 분비물이나 이물질을 제거하기 위해 자동적으로 기침을 하게 되어 있습니다. 다시 말해 몸속의 불필요한 분비물이나 이물질을 밖으로 배출하기 위한 행위이지, 침투한 바이러스와 세균을 몸속으로 전달하는 행위가 아닙니다. 따라서 흔히 걱정하는 것처럼 단순히 기침을 오래한다고 해서 폐렴이 되는 것은 아닙니다. 오히려 기침을 오래하면 비염, 부비동염, 후비루증후군인 경우가 더 많습니다. 기관지염, 후두염처럼 가래, 인후통을 동반한 호흡기 질환일 때도 기침을 심하게, 오래합니다.

만약 감기에 걸린 아이가 기침을 오래해 폐렴인지 아닌지 의심된다면 아이의 호흡을 눈여겨볼 필요가 있습니다. 숨을 내쉴 때 그르렁 소리가 나는지 혹은 가슴이 쑥쑥 들어가는지, 등에 귀를 댔을 때 숨소리가 쌕쌕거리는지, 숨을 쉴 때 코까지 벌렁벌렁 움직이는지 등을 살펴봐야 합니다. 이러한 호흡 이상 징후와 함께 고열, 가래, 기침 등의 증상이 있다면 서둘러 병원 진료를 받아야 합니다.

누런 콧물은 무조건 항생제를 복용한다?
콧물이라고 다 같은 콧물이 아니다!

우리 몸에 있는 점막들은 '병이 있든 없든' 끊임없이 점액을 생성해냅니다. 코 점막에서는 콧물, 기관지 점막에서는 가래를 만들어내지요. 이런 생리적인 분비물은 평소에 점막을 촉촉하고 깨끗하게 유지하고 외부 이물질(먼지, 바이러스, 세균 등)을 차단하는 역할을 합니다.

그리고 감기에 걸리면 코 점막이 부어오르고 콧물의 양이 늘어납니다. 바이러스와 싸우다 죽은 면역체를 배출하기 위해서도 마찬가지입니다. 감기나 비염, 호흡기 질환에 걸렸을 때 콧물이나 가래가 많아지고 재채기나 기침을 하는 것은 바이러스를 몸 밖으로 배출하기 위한 우리 몸의 자연스러운 생리현상입니다. 따라서 불편하다고 해서 콧물이나 가래 등의 분비물 생성을 억제하거나 인위적으로 건조시키는 것은 옳지 않은 방법입니다. 질병으로 콧물이나 가래가 많다면 배출을 돕는 쪽으로 치료하는 것이 더 효과적입니다.

콧물에는 맑은 콧물, 끈적한 콧물, 누런 콧물이 있습니다. 그중 누런 콧물은 감기가 진행되면서 맑은 콧물이 누렇게 변한 것일 수 있습니다. 이런 경우 누런 콧물은 병이 나아가는 정상적인 반응이라고 봐야 합니다. 그러나 감기가 오래가면서 부비동염으로 발전해 부비동에 찬 콧물이 농이 되었다면, 이때는 진찰을 받고 증상의 정도에 따라 항생제를 복용할 수 있습니다.

그러다 보니 '누런 콧물 → 세균 감염 → 항생제 복용'이라는 그릇된 판단을 불러오기도 합니다. 콧물은 외부 이물질, 감염성 요인을 씻어내려는 생리적인 분비물일 뿐 대개의 경우 세균과 관련이 없습니다. 따라서 콧물이 누렇게 변했다는 이유만으로 항생제를 복용할 필요는 없습니다.

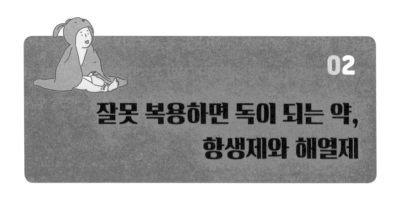

항생제 오남용과 내성의 심각성

항생제 내성이란 항생제에 대한 세균의 저항력으로, 세균이 더 이상 특정한 또는 여러 항생제의 영향을 받지 않는 능력을 말합니다. 그리고 항생제의 영향을 받지 않는다는 말은, 세균 감염에 의한 질환에 걸려도 치료가 어려워 환자가 생명을 잃을 수도 있다는 말과 같습니다.

항생제 내성의 심각성은 수십 년 전부터 끊임없이 제기되어 왔습니다. 2015년 당시 세계보건기구[WHO] 사무총장이었던 마거릿

챈Margaret Chan 은 "세계는 단순 감염으로도 사망에 이르는 '항생제 이후' 시대로 향하고 있다"라고 말하며 국제사회의 즉각적인 대응을 촉구했습니다. 조지 오스본George Osborne 영국 전 재무장관은 2016년 국제통화기금IMF에서 "국제 사회가 획기적인 조치를 취하지 않는다면 2050년경에는 항생제 내성으로 전 세계 사망자가 연간 천만 명에 이를 것"이라고 경고했습니다. 영국의 유명한 경제학자 짐 오닐Jim O'Neill은 〈항생제 내성 보고서〉에서 신세대 항생제가 개발되지 않는다면 2050년경에 항생제 내성이 암보다 더 치명적인 위협이 될 것이라고 밝혔습니다.

항생제 내성률이 높아진 데에는 무엇보다 항생제의 오남용을 가장 주요한 요인으로 꼽습니다. 불필요한 경우에도 항생제를 남용함으로써 세균이 항생제에 적응할 기회를 주고 만 것이지요. 그러면 우리나라의 항생제 처방률은 어느 정도일까요? 경제협력개발기구OECD가 발간하는 〈한눈에 보는 보건Health at a Glance〉 보고서에 따르면 2016년 우리나라 항생제 사용량은 34.8DDD(DDD는 인구 천 명당 하루 항생제 사용량으로, 34.8DDD는 하루 동안 천 명 중 34.8명이 항생제를 처방받았음을 의미한다)로, 회원국 중 1위를 차지하고 있습니다. 참고로 경제협력개발기구 회원국의 평균 항생제 사용량은 21.1DDD입니다. 이는 우리나라 사용량의 60%에 불과합니다.

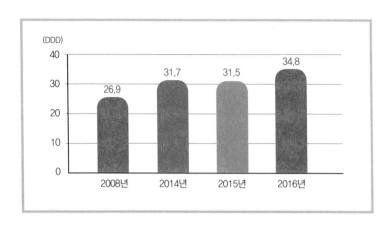

✚ 우리나라 항생제 사용량(보건복지부)

또 하나 눈여겨봐야 할 점은 감기에 대한 항생제 처방률입니다. 2018년 건강보험심사평가원에서 발표한 최근 5년간 병의원별 감기의 항생제 처방률을 살펴보면 우리가 가장 많이 방문하는 병원과 의원의 경우 2015년까지 꾸준히 증가하다 이후 감소하기 시작합니다. 정부 차원의 항생제 사용지침 발표, 병의원별 항생제 처방률 공개, 항생제 처방률이 낮은 병의원 혜택 지원, 소비자 차원의 인식 변화 등이 어느 정도 영향을 끼친 것이지요. 그러나 전체적으로 항생제 처방률이 감소하고 있다고 하지만 여전히 40%에 이르는 만큼 그 사용량은 압도적입니다.

세 살 감기, 열 살 비염

병의원별 감기 항생제 처방률(건강보험심사평가원, 단위 %)

종류	2013년	2014년	2015년	2016년	2017년
상급 종합병원	25.17	23.38	21.10	15.31	13.45
종합병원	42.21	39.94	40.04	38.32	35.78
병원	48.24	47.58	47.79	46.69	44.28
의원	44.33	43.65	43.96	42.82	39.50

높은 항생제 처방률은 곧 항생제 내성률로 이어집니다. 항생제 처방률이 높은 우리나라는 항생제 내성률 역시 세계에서 가장 높은 수준이지요. 2014년 세계보건기구가 발표한 자료에 따르면 우리나라는 메티실린 내성률 1위, 카바페넴 내성률 2위, 세팔로스포린계 내성률 3위를 차지하고 있습니다.

항생제, 끝까지 먹으면 내성이 없다?

"항생제를 끝까지 먹어도 내성이 생기나요?" 간혹 이런 질문을 하는 사람도 있습니다. 항생제를 처방해야 할 병이라면 마땅히 그 병이 다 나을 때까지, 즉 그 세균이 완전히 잡힐 때까지 복용하는 것이 원칙입니다. 그러므로 항생제를 복용해야 한다면 의사가 "다 됐다" 할 때까지 끝까지 먹는 것이 좋습니다.

하지만 반드시 기억해야 할 점은 항생제 사용은 세균성 감염 질환을 치료하는 것이지 그 세균에 대한 내성이 없어지는 것과는 다르다는 사실입니다.

항생제 내성은 본래 존재하던 세균(박테리아)이 방어 능력을 획득하면서 기존 항생제로 치료가 되지 않는 것입니다. 이 방어 능력은 인류가 항생제를 사용하면서 발달한 것입니다. 세균에게 항생제를 자주 경험시킴으로써 그야말로 훈련의 기회를 제공한 셈이지요. 그럼 방어 능력을 발달시킬 틈 없이 세균이 '죽을 때까지' 항생제를 쓰면 되지 않을까요? 만약 이렇게 하려면 항생제를 언제까지, 얼마나 써야 하는 것일까요? 문제는 이 질문에 대한 해답을 '아직 모른다'라는 데 있습니다.

다시 말해 아직은 그 누구도 끝까지 항생제를 쓰면서 문제의 세균을 완전히 멸종시키거나 통제할 수 없다는 사실입니다. 항생제를 끝까지 복용한다고 해서 항생제 내성을 해결할 수 없습니다. 그러므로 항생제를 만병통치약처럼 사용해 사람의 목숨을 위협할 '강력한 세균'을 양산하기보다, 꼭 필요한 상황에서 필요한 만큼만 사용해야 합니다.

NOTE▶ 항생제 언제, 어떻게 써야 할까?

항생제는 세균 감염에 의해 생명이 위협받을 때 절대적으로 필요하다. 그리고 이 경우에만 쓰는 것이 적절하다. 감기를 앓는 동안 세균에 의해 2차 감염이 되었을 때 사용해야 한다. 감기나 독감에 걸렸을 때 항생제를 복용한다고 해서 회복 기간을 단축시킬 수도 없고, 합병증을 예방할 수도 없으며, 상기도 안에 있는 바이러스의 수를 감소시킬 수도 없다. 오히려 우리 몸의 유익균을 제거하고 후천 면역을 훼손시킬 뿐이다. 항생제는 세균, 즉 박테리아를 제거하는 약으로 바이러스에는 효과가 없다.

항생제가 알레르기 발병률을 높인다

알레르기는 우리 몸에 외부 이물질이 침입했을 때 그 물질을 방어해야 할 면역 시스템이 오작동을 일으켜 과민 반응을 보이는 것입니다. 우리 몸의 면역이 외부 이물질에 대항하고 이상 현상에 대해 신체 반응을 조절할 수 있어야 '정상 반응'이며, 좋은 면역이라고 할 수 있지요. 그만큼 알레르기는 면역과 밀접한 관련이 있습니다.

그러면 항생제 사용이 높을수록 알레르기 질환의 발생 위험이 높아지는 이유는 무엇일까요? 가장 큰 이유는 항생제가 우리 몸의 공생 미생물, 즉 장내 세균을 손상시켜 질병에 대한 방어 능력을 약화시키고 면역 체계의 정상 반응을 방해하기 때문입니다.

대변 속에는 우리 몸에 영양이 흡수되고 남은 음식물 찌꺼기만 있는 것이 아닙니다. 우리 몸이 정상적인 기능을 할 수 있도록 도와주는 세균들이 20% 이상 차지하고 있으며, 이 세균이 없으면 장은 결코 제 기능을 유지할 수 없습니다. 그런데 세균을 제거하는 항생제는 우리 몸의 유해균뿐만 아니라 유익균까지 제거해버립니다. 몸의 일부분만을 선택해 효과를 내는 약이 아니기에 몸 전체에 광범위하게 영향을 미치는 것입니다.

항생제는 단기적으로는 위장 장애, 식욕 부진, 구토, 설사 등의 부작용을 불러올 수 있고, 장기적으로는 유익균을 제거해 장이 제 기능을 유지할 수 없게 합니다. 면역 체계에 문제를 일으킬 수도 있습니다. 따라서 항생제 사용이 높을수록 면역력이 떨어지고 알레르기 질환 발생 위험이 높아지는 것입니다.

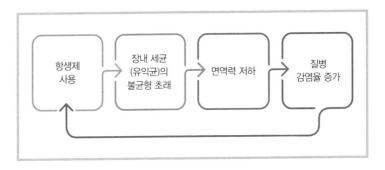

✚ 항생제가 우리 몸에 미치는 영향

또 하나의 이유는 '위생가설'입니다. 우리 몸의 면역 체계는 학습 능력을 가지고 있습니다. 외부 이물질이 침입하면 특정 반응을 나타내며 그에 대항하고, 그 과정을 기억해 매뉴얼을 만들어 두는 것이지요. 학습 능력이 좋아야 시험을 잘 치를 수 있듯이 우리 몸의 면역 체계도 매뉴얼이 잘 갖춰져 있어야 외부 이물질에 정상적으로 대항할 수 있습니다.

그러나 항생제는 우리 몸을 너무 깨끗한 환경으로 만들어 오히려 병원체와의 접촉을 줄이고, 면역 체계가 외부 이물질과 싸워 이길 수 있는 학습의 기회를 차단합니다. 학습의 기회가 없으면 학습 능력을 향상시킬 수 없습니다. 학습 능력이 없는 면역 체계는 튼튼하지 못하기 때문에 알레르기 항원몸에 침입해 면역 반응을 일으키는 물질에도 대항할 수 없습니다.

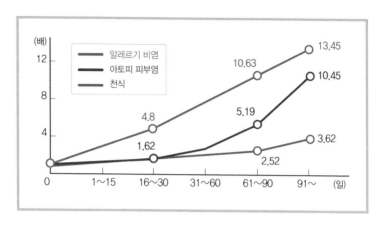

✚ 항생제 연간 처방 일수에 따른 알레르기 질환 발생 위험
(서울성모병원 이비인후과 김수환·김도현 교수팀, 2018)

해열제 사용도 신중해야 한다

항생제와 더불어 해열제 사용 역시 신중할 필요가 있습니다. 먼저 알아두어야 할 점은 해열제는 감기 치료제가 아니라는 사실입니다. 말 그대로 열을 내릴 뿐입니다. 해열제로 떨어뜨릴 수 있는 체온은 1.0~1.5℃ 정도로 그 이상 떨어뜨릴 수 없습니다. 해열제의 사용 기준 또한 제한되어 있습니다.

소아과학에서 말하는 해열제의 사용 기준은 체온이 39℃ 이상이면서 아이가 고통스러워할 경우(중이염, 두통, 근육통 등), 40.5℃ 이상의 고열일 경우, 발열로 인한 대사율의 증가가 아이에게 해로울 경우(선천성 심장 질환, 대사성 질환, 화상, 영양부족 등)입니다. 아이 체온이 39℃를 넘기거나 발열이 5일 이상 지속되면 집에서 해열제를 쓰기보다 곧바로 병원을 가야 합니다. 이때는 감기가 아닌 다른 질환일 가능성이 있기 때문이지요.

아이에게 열이 나는 이유나 사용 기준도 모른 채 무분별하게 해열제를 써서 겉으로 드러나는 증상만 감추면 오히려 큰 병을 발견할 기회를 놓칠 수 있습니다. 또한, 해열제도 오남용에 의한 부작용으로부터 안전하지 않습니다.

해열제로는 아세트아미노펜 계열의 타이레놀, 이부프로펜 계열의 부루펜 등이 대표적입니다. 아세트아미노펜은 발열, 진통에 효과적이며, 이부프로펜은 소염 작용이 있어 목감기, 인후염 등 염증을 동반한 발열, 진통에 효과적입니다.

그러나 아세트아미노펜은 심각한 간 독성 문제가 보고되어 징량을 초과하거나 장기 복용해서는 안 됩니다. 성인의 경우 음주 후 복용하면 치명적인 간 손상을 유발할 수 있다고 보고된 적도 있습니다. 이부프로펜은 아세트아미노펜에 비해 간 독성은 심각하지 않지만 위장 장애의 위험이 있습니다. 가능한 한 빈속에 복용하지 말아야 하며, 특히 위궤양이나 심부전증이 있는 사람, 간질환이 심한 사람, 심혈관 질환으로 아스피린을 상시 복용하는 사람은 복용해서는 안 됩니다.

해열제는 꼭 필요한 순간에는 정말 유용한 약입니다. 하지만 무분별한 복용은 아이의 면역 체계를 약화시키고 부작용의 위험을 불러올 수 있습니다. 무엇보다 알게 모르게 이루어지는 과다 복용을 주의해야 합니다. 특히 해열제와 종합 감기약은 발열, 진통에 효과적인 일부 성분이 중복되어 있는 만큼 의사의 처방 없이 임의로 같이 복용하는 일이 없어야 합니다.

세 살 감기, 열 살 비염

면역력을 키우는
올바른 치료 습관

치료 습관을 바꿔야 면역이 달라진다

감기는 우리 몸의 면역 체계를 더욱 튼튼하게 하는 훈련 과정입니다. 무분별한 항생제, 해열제 사용은 아이 스스로 면역력을 키울 수 있는 기회를 빼앗고, 각종 질환이나 알레르기 유발, 오남용에 따른 부작용의 위험을 증가시킬 뿐이지요.

이제 아이가 감기 증상을 보이면 바로 감기약부터 찾는 치료 습관은 버려야 합니다. 발열에는 해열제, 재채기·콧물·코막힘에는 항히스타민제, 기침·가래에는 진해거담제 등 감기를 증상 하나하나 따져가며 미시적 관점으로 치료해서는 안 됩니다. 겉으로 드러나는 증상을 치료하는 대증요법은 당장의 불편함만 해소할 뿐 아이의 건강이나 면역력 증진에는 별 도움이 되지 않습니다. 아이가 감기 때문에 열이 나면 '우리 아이가 외부에서 들어온 나쁜 병균과 열심히 싸우고 있구나', 콧물이나 기침·가래가 나면 '이물질 배출이 많아지는 걸 보니 병이 어느 정도 진전됐네. 조금만 지나면 곧 낫겠구나' 하고 기다릴 줄도 알아야 합니다.

미국이나 유럽에서는 감기 치료에 전통적으로 내려오는 민간요법을 쓰는 일이 많습니다. 미국에서는 오렌지 주스를 희석해 마시고 뜨거운 욕조에 몸을 담그거나 평소보다 습도를 올려놓고 쉽니다. 양말을 신고 자기도 합니다. 인디언 민간요법에서 유래한 치킨 수프를 먹기도 하지요. 캐나다에서는 가래를 줄이기 위해 우유, 요구르트, 치즈 등을 먹지 않는 대신 오렌지 주스, 치킨 수프, 페퍼민트 차 등을 마십니다. 프랑스에서는 따뜻한 우유나 물에 벌꿀을 넣어 마시거나 레드와인에 과일과 계피를 넣어 끓인 뱅쇼를 마십니다. 호주에서는 벌꿀을 넣은 레몬차를 마시고 유칼립투스 잎을 넣은 따뜻한 수건을 코나 가슴에 댑니다.

아시아 역시 비슷합니다. 차 문화가 발달한 중국에서는 감기에 판람근板藍根 같은 약초 달인 물을 마시고, 홍콩과 대만에서는 생강차를 마십니다.

이처럼 감기에 걸렸을 때 약 대신 증상 완화에 도움이 되는 몇 가지 방법이 있습니다. 싱싱한 과일이나 채소로 비타민 C를 섭취하는 것이지요. 아이에게 감기 기운이 있다면 유자차나 생강차를 따뜻하게 먹이고, 기침이나 가래가 있다면 배와 도라지 즙을 내어 떠먹이면 좋습니다. 무와 생강을 간 다음 따뜻한 물을 부어 차처럼 마시게 해도 좋습니다.

약은 먹이지 않지만 열이 식으면서 땀이 나면 젖은 속옷을 갈아입히고, 기침이 심하면 상체를 세워서 앉히고, 가래가 심하면 등을 통통 두드려주거나 따뜻한 물을 마시게 해 배출을 도울 수 있습니다.

감기약 성분은 꼼꼼하게 살핀다!

2006년 6월, EBS에서 〈다큐프라임〉 '감기'편을 방영했습니다. 방송에서 제작진은 한 가지 실험을 했는데, 모의 환자에게 국내 병원 7곳을 방문, 감기 진료를 받게 한 것이지요. 3일 전부터 미열, 콧물, 기침, 맑은 가래 등의 감기 증상이 있다는 모의 환자 말에 각 병원에서는 최소 2정부터 최대 10정에 이르는 감기약을 처방했습니다. 여기에는 해열제, 항생제, 진통제, 진해거담제, 항히스타민제, 소화제 등이 포함되어 있었습니다.

외국의 사례도 함께 보여줬습니다. 영국, 미국, 독일, 네덜란드에 있는 병원들에서 진료를 받은 결과, 같은 증상을 말한 모의 환자에게 약을 처방한 곳은 단 한 곳도 없었습니다. 대신 비타민을 섭취하고 흡연이나 음주를 하지 말고 며칠 푹 쉬면 저절로 좋아질 것이라고 처방했습니다. 그리고 제작진이 외국 의료진에게 모의 환자가 국내에서 받은 처방 목록을 보여주자 "내 아이라면 먹이지 않을 겁니다"라고 말했습니다.

사례에 나온 일부 병원들의 이야기가 아닙니다. 사실 미국 식품의약국FDA의 연구 보고서에도 "소아 감기약이 12세 미만 어린이에게 효과가 있다는 증거를 찾지 못했다"라는 내용을 찾을 수 있습니다. 또한 "만 2세 이하 영아의 경우 감기약이 사망에 이르는 부작용을 불러올 수 있다"라고 경고하고 있습니다. 1969년부터 2006년 사이에 일반 감기약을 복용한 소아들이 사망하는 사건이 발생했기 때문입니다. 그중 비충혈제거제 관련 사망이 54건, 항히스타민제 관련 사망이 68건이나 밝혀졌습니다.

우리가 식당에서 흔히 먹는 음식의 성분이나 조리 과정을 알면 못 먹는다는 말이 있듯이, 감기약 역시 성분 하나하나 들여다보면 "내가 이걸 우리 아이한테 먹여 왔다니!" 하며 놀랄지도 모릅니다. 그러나 감기약의 성분까지 꼼꼼하게 들여다보고 금세 부작용을 떠올릴 수 있는 부모는 많지 않습니다.

　부모가 모든 감기약 성분을 알기 어렵지만 다음 두 가지는 꼭 알아두어야 합니다.

비충혈제거제

코막힘이 심할 때 쓰는 약이다. 콧속 혈관을 수축시키고 공기 통로를 넓혀 코막힘을 해소해 숨 쉬기 수월하게 한다. 기관지 근육을 이완시키기 때문에 기침이나 천식 완화에도 쓰인다. 그러나 비충혈제거제의 대표 성분 중 하나인 슈도에페드린은 콧속 혈관을 수축시키기도 하지만 심장을 빨리 뛰게도 한다. 교감 신경 흥분으로 불안, 수면 장애, 빠른 맥박, 협심증, 두통, 어지러움 등이 있을 수 있다. 자칫 처방된 용량보다 과량 복용할 경우, 초콜릿이나 콜라 등 카페인 성분의 간식을 함께 먹을 경우 문제가 발생할 수 있다. 에페드린 성분은 코감기 약뿐 아니라 종합 감기약에도 포함되어 있다

항히스타민제

재채기, 콧물, 두드러기, 발진, 가려움 등 알레르기성 반응을 일으키는 히스타민 작용 억제제이다. 흔히 재채기, 콧물, 코막힘에 복용하는 코감기약에 함유되어 있으며 성인 비염 환자들이 상시 복용하는 약이기도 하다. 항히스타민제를 복용하면 금세 콧물이 마르면서 약간 졸릴 수 있다. 코가 마를 때 입도 같이 마른다. 분비물을 건조시키는 이 성분 때문에 항

히스타민제를 장기 복용해서는 안 된다. 콧물을 말리는 과정에서 콧물이 노랗고 끈끈하게 변할 수 있는데, 부비동에서 콧물을 배출하기 힘들 정도로 콧물이 진해지면 결국 부비동염으로 악화될 수 있다. 항히스타민제를 복용하면 지금 당장은 콧물이 밖으로 흐르지 않아 증상이 좋아졌다고 생각할 수 있지만, 장기적으로는 질병의 상태를 더 악화시킨다.

NOTE▶ 감기약을 복용할 때 지켜야 할 원칙

약국에서 쉽게 구입할 수 있는 감기약일수록 아이에게 먹일 때는 원칙을 지켜야 한다. 먼저 복용 연령, 연령별 또는 체중별 용량·용법이 명확히 표기되어 있는지 확인한다. 이때 만 2세 미만 영유아에 대한 임의 투약을 금하는 문구는 없는지 반드시 살펴보아야 한다.

① 감기약이 필요하면 반드시 유아용을 구매할 것
② 이미 복용하고 있는 약이 있다면 감기약을 구매할 때 약사나 의사에게 반드시 이야기할 것
③ 약사나 의사에게 복용법에 대한 설명을 반드시 들을 것
④ 약을 복용하기 전 포장과 사용설명서 내용을 확인할 것
⑤ 액체로 된 감기약은 반드시 약과 함께 포장된 계량도구를 사용해 먹일 것
⑥ 복용 간격을 지키며 절대 과량 복용하지 말 것

세 살 감기, 열 살 비염

항생제 꼭 써야 할 때 vs 지켜봐야 할 때

2017년 질병관리본부가 항생제 내성 예방주간을 맞아 의사 864명을 대상으로 항생제 내성에 대한 인식도를 조사한 적이 있습니다. 결과는 10점 만점에 7.45점으로, 의사들 역시 항생제 내성이 심각한 상황이라고 인식하고 있었습니다. 그럼에도 불구하고 의사들이 불필요한 상황에서 항생제를 처방하는 이유는 무엇일까요?

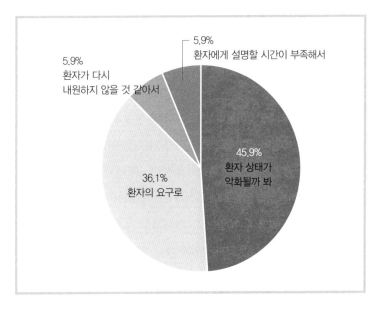

✚ 항생제 처방 이유(총 864명 대상)

항생제 처방에 대한 인식이 높아졌음에도 불구하고 불필요한 상황에서 절반 가까이는 항생제를 처방하고 있습니다. 감기는 바이러스 감염이 대부분이라는 것을 배우고 경험했어도, 항생제는 세균에 감염되었을 때 처방한다는 사실을 명확히 인지하고 있어도 혹시나 하는 불안감이 항생제를 처방하게 만든 것입니다.

다음은 소아 감기에 대한 질병관리본부의 항생제 사용지침 중 일부입니다.

• 감기의 원인은 대부분 바이러스이므로 감기의 치료에 항생제를 사용하지 않는다.

• 감기로 진단한 경우, 환자 및 보호자에게 자연 치유되는 감기의 경과에 대해 설명한다. 단, 합병증을 동반할 수 있으므로 경과 관찰이 필요함을 설명한다.

• 발병 초기부터 39℃ 이상의 발열과 화농성 콧물 또는 안면 통증을 동반하거나, 10일이 경과해도 감기 증상(콧물, 기침)이 임상적으로 호전되지 않는 경우, 또는 감기 증상이 호전되던 중 다시 악화될 경우에는 세균성 부비동염의 의심 하에 항생제 사용을 고려한다.

• 감기 치료 중 발병 후 10일이 지나도 증상이 호전되지 않거나, 그 이전이라도 증상의 심한 악화가 있을 때는, 의료기관을 방문하여 재평가가 필요하다.

39℃ 이상의 고열과 감기 증상 악화로 세균 감염이 우려되지 않는 한 감기에 대한 항생제 처방은 권고하고 있지 않습니다. 소아과학에서도 '열 감기' 증상이 있을 때는 항생제 처방을 고려하기도 합니다. 급성 중이염, 부비동염, 인후염(인두염, 편도염, 후두염), 폐렴으로 진단되고 세균에 의한 감염이 확정적일 때이지요.

만약 아이가 감기로 고열이 지속되어 병원에서 항생제 처방을 받았다면 앞서 소개한 질환 중 우리 아이가 어떤 경우에 해당하는지 점검해보아야 합니다. 만약 해당 사항이 없다면 항생제 사용에 대한 이유를 담당 주치의에게 물어보는 것이 좋습니다.

아이를 키우는 부모라면, 현명하게 아이의 건강을 챙기는 부모라면 내 아이를 위해 항생제의 올바른 쓰임을 알아둘 필요가 있습니다. 그래야 항생제를 꼭 써야 할 때와 쓰지 않아도 될 때를 분별해 적절한 시기에 올바르게 사용할 수 있습니다.

감기로 인한 발열에 해열제 사용 원칙

아이가 감기에 걸렸을 때 열이 나는 것은 균의 증식을 억제하고, 면역을 담당하는 세포의 증식을 원활하게 하기 위해서입니다. 쉽게 말해 열이 나는 것은 외부에서 들어온 나쁜 균과 맞서 싸우면서, 싸우기 더 유리한 상황을 만든다는 이야기이지요. 물론 열이 나서 좋지 않은 점도 있습니다. 체력, 수분, 근육 등이 손실되고 두통이나 쇠약감에 시달립니다.

그러나 아이가 감기로 열이 날 때 함부로 해열제를 사용해서는 안 됩니다. 특히 의사의 진단이나 처방을 받기 전에 부모가 임의로 해열제를 먹여서는 안 됩니다. 약을 사용해 인위적으로 열을 떨어뜨리면 아이 스스로 병을 이겨낼 기회를 사전에 박탈할 수 있기 때문입니다. 또 왜 열이 나는지 그 원인을 제대로 살필 수 없으며, 정확한 치료를 할 수도 없습니다.

일반적으로 해열제 복용 기준은 체온이 38.5~39℃일 때입니다. 그러나 다음과 같은 상황이라면 해열제 사용을 잠시 미루고, 1시간마다 체온을 체크하면서 열이 더 오르지 않는지 상태를 지켜보는 것이 좋습니다.

- 열이 있지만 아이가 잘 놀고 밥, 간식, 음료도 잘 먹는다
- 체온이 39℃ 미만으로 조금 힘들어하고 기운 없어 하지만 아이가 의사 표현도 잘하고 밥, 간식, 음료도 어느 정도 먹는다. 칭얼거리지 않고 잠도 잘 잔다

만약 다음과 같은 상황이라면 해열제를 복용해야 합니다. 단,

세 살 감기, 열 살 비염

반드시 용량과 용법을 지키고 열이 떨어지지 않는다고 임의로 복용 간격을 조절해서는 안 됩니다.

- 체온이 39℃ 이상이면서 아이가 힘들어하고, 귀 통증(중이염 의심), 두통, 근육통 등으로 보챌 경우 해열제를 복용한다.
- 체온이 39.5℃ 이상일 경우 해열제를 복용한다.
- 선천성 심장 질환이 있거나 대사성 질환이 있는 아이가 체온이 38℃ 이상일 경우 해열제를 복용한다.

해열제는 체온을 낮춰줄 뿐, 열이 나는 기간을 줄여주지 않습니다. 감기로 인한 열은 보통 3일 동안 지속되는데 해열제를 복용한다고 해서 하루 만에 떨어지는 것이 아닙니다. 열은 우리 몸에 무조건 나쁜 것이 아니라 면역 체계가 자가 치유하는 과정 중 나타나는 다소 불편한 '증상'일 뿐입니다. 해열제 역시 꼭 필요할 때만 복용해야 합니다.

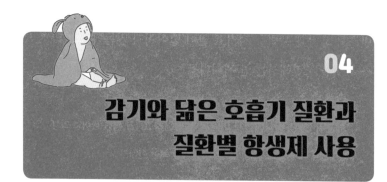

감기와 닮은 호흡기 질환과 질환별 항생제 사용

　감기로 오인하기 쉬운 호흡기 질환에 대해서도 부모가 알아두어야 합니다. 이런 호흡기 질환에 걸리면 대개 항생제나 해열제를 쓸 수 밖에 없는 상황이 오기 때문입니다.

　감기와 닮은 호흡기 질환이나 감기 합병증은 초기의 감기 증상이 일정 기간 지속되다가 병이 완전히 진전된 후에야 확진할 수 있는 경우도 많습니다. 이런 연유로 감기 증상으로 동네 소아과에서 치료를 받았는데, 도통 나을 기미가 없다가 며칠 지나 다른 소아과에서 폐렴 진단을 받을 수도 있습니다. 이것은 첫 번째 의사가 두 번째 의사보다 실력이 없거나 잘 몰라서가 아닙니다. 질병이 시간이 흐르면서 확진의 근거가 되는 증상으로 본래의 정체를 드러내기 때문이지요. 이런 차이를 의사가 아닌 부모가 알아채기에는 다소 어려울 수 있습니다.

하지만 감기일 때와 감기가 아닌 다른 질환일 때의 증상 차이를 조금이라도 알아두면 위급한 신호를 어느 정도 감지할 수 있습니다. 다음에 소개하는 병의원에서 호흡기 질환이라고 구분하는 질병과 아이들에게 자주 나타나는 감기 합병증은 꼭 기억해두어야 합니다. 각 질환별 항생제 사용 여부도 알아둡니다.

감기(급성 상기도 감염)

주요 증상 열이 나고 콧물, 기침, 인후통 등을 동반한다. 목이 부어 통증이 심하면 아이가 음식물을 삼키기 힘들어할 수도 있다. 경우에 따라 구토나 설사를 동반할 수도 있다. 2차 감염에 의해 중이염, 급성 비부비동염, 인후염, 기관지염, 폐렴 등의 합병증이 따를 수 있다.

돌보기 수칙 증상이 심하지 않다면 미지근한 보리차를 수시로 마시게 하고, 소화가 잘되는 부드러운 유동식을 먹이며, 충분히 쉬게 하면 좋아질 수 있다. 심한 기침이나 콧물이 10일 또는 2주 이상 갈 경우, 인후통이 심해 아무것도 못 먹을 경우, 39℃ 이상의 고열이 5일 이상 지속될 경우에는 즉시 병원에 가야 한다.

항생제 사용 여부 감기의 원인은 대부분 바이러스이므로 감기 치료에 항생제를 사용하지 않는다.

급성 인두편도염

주요 증상 인두에 염증이 발생하는 질환으로 편도염과 인두편도염을 포함한다. 인두는 비강부터 후두개 뒷부분, 식도의 바로 윗부분까지를 말한다. 편도와 아데노이드가 자리하고 있으며 공기와 음식물의 통로이기 때문에 감염이 빈번하다. 인두의 이물감, 발열, 기침으로 시작해 점차 목 통증, 연하 곤란, 고열, 두통, 기력 저하 등이 나타난다. 어린 아기는 침을 삼키기 어려워 많이 흘릴 수 있으며 많이 보챌 수 있다. 혀의 설태 및 목젖과 주변이 빨갛게 부어 있는 것을 확인할 수 있다.

돌보기 수칙 뜨겁거나 매운 음식, 짜거나 신 음식 등은 자극을 줄 수 있으므로 맛이 순한 유동식을 먹인다. 큰 아이라면 따끈한 물에 소금을 조금 풀어 입안을 헹구게 한다. 소금물로 목젖까지 헹굴 수 있도록 목을 뒤로 젖히고 가글한다. 생리 식염수로 대신해도 된다. 목이 편안해질 수 있게 수분 섭취와 함께 따뜻한 유자차, 모과차, 꿀차(생후 12개월 이후) 등을 수시로 먹인다. 고열이 3일 이상 지속되거나 음식 섭취는 물론 숨 쉬기조차 힘들어할 정도로 목이 부을 경우 병원에 가야 한다.

항생제 사용 여부 대부분 바이러스와 세균이 원인이며 드물게는 곰팡이에 의한 것일 수 있다. 우리나라, 특히 취학 전 소아의 경우 바이러스 감염이 많다(83% 정도). 급성 인두편도염 환자에게서 'A군 사슬알균 감염'이 의심되는 경우 편도농양과 같은 급성 화농성 합병증과 류마티스성 발열, 급성 사구체신염 같은 비화농성 합병증 등이 나타날 수 있는데, 이를 예방하고 전염력을 떨어뜨리기 위해 항생제(페니실린계) 치료를 한다.

세 살 감기, 열 살 비염

후두염

주요 증상 후두에 염증이 생기는 질환이다. 후두는 인두의 아랫부분에 위치하며 호흡할 때 공기가 오가는 통로이다. 성대를 포함하고 있으며 상기도 중에서 가장 통로가 좁다. 그래서 염증이 생기면 통로가 더 좁아져 호흡 곤란이 오기도 하고, 성대가 자극되면서 목소리가 쉬기도 한다. 기침 소리가 유난한데, 컹컹 개가 짖는 듯한 소리가 나고 숨을 쉴 때 쇳소리나 그렁 소리가 나기도 한다. 열과 기침, 목 통증 등 증상이 인두염과 비슷하다. 후두 아랫부분은 상기도가 아닌 하기도 감염으로 구분된다.

돌보기 수칙 목이 건조해지지 않도록 늘 수분 섭취에 신경 쓰고 실내 습도를 50~60% 정도로 유지한다. 가습기를 틀거나 젖은 수건을 방 안에 걸어두면 좋다. 40℃ 이상의 고열일 경우, 호흡 곤란으로 입술이 파래지거나 경련을 할 경우 한밤중에도 응급실에 가야 한다. 후두염 치료에 있어서 가장 중요한 것은 아이의 호흡 곤란을 잘 살펴보는 것이다. 심리적으로 불안하거나 많이 울면 호흡 곤란이 더 심해질 수 있으므로 안정적이고 차분한 분위기에서 편히 쉬게 한다.

항생제 사용 여부 후두염의 원인 대부분은 바이러스이므로 항생제를 사용하지 않는 것이 원칙이다. 하지만 후두 염증이 매우 심해 호흡 곤란이 우려되는 경우 세균 감염을 염두해 항생제 치료를 한다. 이와 함께 스테로이드 약물을 투여해 염증으로 인한 기도 폐쇄를 줄여 호흡 곤란을 완화시킨다. 호흡 곤란이 심각할 경우 산소를 공급할 수도 있다.

급성 기관지염

주요 증상 폐로 가는 기관지에 염증이 생기는 질환이다. 발열, 콧물과 같은 감기 증상이 있다가 점점 가래가 많아지고 기침이 심해진다. 기침할 때 흉통이 오기도 한다. 3주 이상 기침 감기가 지속될 때 급성 기관지염을 의심해볼 수 있다.

돌보기 수칙 아이가 숨을 쉬기 힘들어하면 비스듬히 세워 눕히고 따뜻한 보리차나 레몬차, 꿀차(생후 12개월 이후) 등을 먹인다. 수분 섭취에 신경 쓰고 안정적이고 차분한 분위기에서 쉴 수 있도록 도와준다.

항생제 사용 여부 급성 기관지염 및 급성 (모)세기관지염은 대부분 바이러스 감염으로, 2차 세균 감염에 의한 증상이나 징후가 없는 한 항생제를 사용하지 않는다. 병의 경과를 줄이거나 합병증을 예방하기 위해 항생제를 사용하는 것은 도움이 되지 않는다.

(모)세기관지염

주요 증상 기관지의 더 작은 가지, 세기관지에 염증이 생기는 질환이다. 기관지염과 마찬가지로 발열, 콧물, 기침, 가래, 호흡 곤란, 흉통이 있다. 호흡이 1분에 60~80회 정도로 가쁘다. 기관지 점막이 붓고 분비물이 많아지면 작은 세기관지가 막히기 쉬운데, 이때 폐포로 산소 공급이 어려워 전신적인 저산소증으로 청색증이 오기도 한다. 초봄과 겨울 사이 만 2세 아이들에게 자주 나타난다.

돌보기 수칙 호흡하는 것을 힘들어하더라도 수유나 식사는 조금씩, 천천히, 자주 먹이는 것이 좋다. 상체를 비스듬히 세워 눕힌다. 가슴이 오르락내리락할 만큼 호흡 곤란을 느낄 경우, 호흡이 분당 60회를 넘고 일시적으로 숨이 멈출 경우, 입술 주위와 손끝이 푸르스름하게 변할 경우 즉시 병원에 간다.

항생제 사용 여부 대부분 바이러스 감염에 의해 발생하기 때문에 항생제 처방을 하지 않는다. 2차 세균 감염에 의한 증상이나 징후가 없는 한 항생제를 사용하지 않는다.

폐렴

주요 증상 바이러스, 세균, 곰팡이에 의해 폐에 염증이 생기는 질환이다. 감염성 폐렴 외에도 토사물, 화학 물질에 의한 흡인성 폐렴(비감염성 폐렴)이 있을 수 있다. 어린아이의 경우 감기 합병증으로 감염성 폐렴이 오는 경우가 많다. 처음에는 감기 증상이 지속되다가 39℃에 가까운 고열이 3~4일간 이어지면서 콧물, 기침, 가래, 호흡 곤란, 흉통, 오한 등의 증상을 보인다. 가래가 농이나 고름처럼 끈적끈적하고 피가 묻어나올 수도 있다. 구역질, 구토, 설사, 두통, 피로, 몸살 등 소화기 증상과 전신 증상이 나타나기도 한다.

돌보기 수칙 어린아이의 경우 입원 치료를 많이 한다. 집에서는 수분을 충분히 섭취하게 하고 안정적이고 쾌적한 분위기에서 휴식하도록 도와준다. 가래 배출이 용이하게 따뜻한 차를 마시게 하거나 가습기를 틀어 놓는다. 기침이 심하면 비스듬히 세워 눕힌다. 아이가 기침이 너무 심해 기대앉아 있기

조차 힘들어할 경우, 체온이 40℃ 이상 지속될 경우 즉시 병원에 간다.

항생제 사용 여부 엑스레이 검사로 폐 음영 상태를 확인한다. 만 3세 전에는 바이러스 감염이 대부분이지만 이후에는 다양한 세균, 바이러스, 곰팡이에 의해 감염될 수 있다. 가래를 받아서 균을 배양하거나 혈액배양검사, 소변항원검사를 통해 원인균을 진단하고 항생제로 치료한다. 최근 '국가 항생제 내성 관리 대책'에서 제시한 항생제 사용지침에 따르면, 지역사회획득 폐렴은 학령기 전 소아의 경우 바이러스에 의한 감염이 가장 많으므로 세균성 폐렴에 합당한 증상이나 징후가 없으면 항생제를 투여하지 않고 경과를 지켜보도록 권고하고 있다. 세균성 폐렴이 의심되면 항생제 치료를 하고 합병증이 없으면 항생제 치료를 10일간 유지하도록 권고하고 있다. 증상과 징후로 세균 감염인지 바이러스 감염인지 구별이 쉽지 않으므로 주의 깊게 경과를 지켜보며 재평가에 따라 치료 방침을 결정해야 한다.

비염

주요 증상 간혹 미열이 있을 수 있지만 대개 맑은 콧물과 재채기, 눈 가려움이 대표적인 증상이다. 알레르기 비염과 비알레르기 비염으로 나눌 수 있다.

돌보기 수칙 알레르기 비염일 경우 평소 자극이 될 만한 원인 물질을 피하게 하며, 집 안 환경을 청결하게 유지한다. 눈이 가려울 때는 찬 물수건으로 찜질을 해주면 도움이 된다. 만약 아이가 발작적으로 콧물과 재채기 증상을 보일 경우, 코막힘이 심할 경우, 맑은 콧물이 줄줄 흐를 경우에는 진료를 받는다. 위급 질환은 아니다.

항생제 사용 여부 비염의 70~80%는 알레르기 비염으로, 면역 체계가 과민 반응을 일으켜 증상이 나타난다. 세균 감염은 아니므로 항생제를 사용하지 않는다.

부비동염(축농증)

주요 증상 감기 합병증이나 비염이 악화되어 나타날 수 있다. 어릴 때 코감기가 잦던 아이가 만 4~5세가 되었을 때 잘 나타난다. 콧물이 부비동에 가득차 있어 콧물, 코막힘이 심하고 코로 숨 쉬기 어려워한다. 잠자리에 누웠을 때 콧물이 목 뒤로 넘어가면서 기침을 하고(후비루 증상), 냄새를 맡거나 맛보는 능력이 떨어질 수 있다. 누런 콧물이 보인다.

돌보기 수칙 잠자리에 누웠을 때 후비루 증상에 의해 기침을 자주 한다. 등을 비스듬히 세워 눕히는 것이 좋다. 열이 나고 누런 콧물이 계속 나올 경우 진료를 받아야 한다.

항생제 사용 여부 초기에는 감기로 오인할 수 있다. 발병 초기부터 39℃ 이상의 발열과 화농성 콧물, 안면 통증을 동반할 경우, 10일이 경과해도 감기 증상(콧물, 기침)이 임상적으로 호전되지 않을 경우, 또 감기 증상이 호전되던 중 다시 악화될 경우에는 급성 세균성 부비동염을 의심해 항생제 사용을 고려한다.

소아 천식

주요 증상 대기 중에 있는 여러 물질에 면역 체계가 과민 반응을 일으켜, 폐 속 기관지나 기도가 좁아지거나 경련을 일으키는 알레르기 질환이다. 기관지가 좁아져서 숨 쉴 때 쌕쌕거리는 소리를 내고, 기침이 오래간다. 숨차고 가슴 답답한 증상을 호소한다. 이런 증상이 자극 물질에 의해 반복적, 발작적으로 나타난다.

돌보기 수칙 흔한 감기 합병증은 아니지만 감기가 천식 증상을 심하게 할 수 있어 감기 예방에 세심한 주의를 기울인다. 미세먼지, 황사, 먼지, 곰팡이, 꽃가루, 독한 냄새, 조리 시 발생하는 연기, 담배 연기, 매연, 갑작스러운 찬바람이나 온도 변화 등 아이의 천식 증상을 유발할 수 있는 자극적인 환경을 최대한 차단하기 위해 노력해야 한다.

항생제 사용 여부 천식 자체에는 항생제를 사용하지 않는다. 발작이 일어났을 때 의사의 처방에 따라 기관지 확장제와 스테로이드 제제를 사용한다. 무증상기에도 꾸준히 항염증제를 사용해 기관지 상태를 안정화하고, 정기적으로 천식 상태를 평가해 자연적으로 치료되기를 기다린다.

호흡기 질환별 항생제 사용 원칙(보건복지부)

질병명	주요 병원체		항생제
	바이러스	세균	
감기(비인두염)	V		NO
급성 인두편도염	V		NO
		A군 사슬알균	YES
급성 부비동염		V	YES
크룹	V		NO
급성 후두염	V		NO
급성 후두개염		V	YES
급성 기관지염	V		NO
급성 (모)세기관지염	V		NO
지역사회획득 폐렴		V	YES

감기약부터 찾지 말자! 감기 증상별 돌보기 요령

감기 증상이 있을 때 자연스레 손이 가던 해열제와 종합 감기 약. 이제 치료 습관을 바꾸기로 마음먹었다면 아이가 감기 걸렸 을 때 필요한 기본 간호 수칙을 배워두세요. 열, 기침, 콧물, 가래 등 감기 증상별 알아두면 좋은 돌보기 요령입니다.

발열

1. 발열이 시작될 때

열이 오르기 시작하면 일단 옷을 얇게 입혀 피부를 시원한 공기에 노출 시킨다. 옷을 얇게 입히기 전, 창문을 열어 환기를 하고 실내 온도를 낮추는 것이 좋다. 수시로 물을 마시게 한다.

2. 38℃ 이상일 때

38℃ 이상의 열이라면 옷을 얇게 입힌 후 이마에 찬 물수건을 얹어준다. 이때 발은 따뜻하게 해주는 것이 좋다. 미온수 마사지를 해도 좋은데, 처음 에는 체온보다 2℃ 낮은 수온에서 시작해 15~20분 정도 시행한다. 수시로 물을 마시게 한다.

3. 고열로 오한이 날 때

오한은 우리 몸이 더 열을 내기 위해 근육이 떨리는 과정이다. 이럴 때는 미온수 마사지를 하면 안 되고, 따뜻하게 이불을 덮어 오한 증상이 줄어들 수 있게 도와주어야 한다. 이후 발한發汗 작용으로 땀을 흘리고 다시 체온이 떨어진다. 땀이 많이 나서 속옷이 젖었다면 마른 수건으로 몸을 닦아준 후 속옷을 갈아입힌다.

4. 39℃ 이상일 때

아이가 열이 올라 매우 힘들어하고 고통스러워하면 해열제를 먹여도 된다. 손발이 차가울 경우 열이 머리 쪽으로 몰리지 않도록 팔다리를 주물러 준다.

콧물, 코막힘

1. 콧물이 계속 나올 때

콧물은 멈추게 하기보다 밖으로 나오게 해야 한다. 코로 가는 압력을 줄이기 위해 한쪽 코를 막고 번갈아 풀어주는 것이 좋다. 이때 마른 휴지로 닦다 보면 코 밑이 짓무를 수 있으므로, 부드러운 가제 수건에 물을 묻혀 닦아주거나 물티슈를 이용한다. 수시로 바셀린을 얇게 펴 바른다.

2. 코딱지가 많을 때

실내 습도를 60%까지 올려 코 점막이 건조하지 않도록 한다. 따뜻한 차를 마시게 하거나 코에 김 쐬기를 하면 코 점막이 촉촉해지고 코딱지가 말랑말랑해지면서 배출이 수월해진다. 세수할 때 콧속에 물을 조금 넣었다가 풀게 해도 된다.

3. 코막힘이 있을 때

염증으로 인해 코 점막이 붓고 콧물 등의 분비물이 증가해 코막힘이 있을 수 있다. 코 점막을 가라앉히고 콧물을 밖으로 나오게 하면 콧속 공기의 흐름이 원활해지고 코막힘이 해결된다. 실내 습도 높이기, 따뜻한 물수건으로 이마와 코 부위 찜질하기, 식염수로 콧속 세척하기 등을 해준다.

기침, 가래

1. 누워서 기침할 때

일단 베개나 등받이를 끼워 아이 상체를 45˚ 정도 비스듬히 기울여주면 기침, 호흡하기가 수월해진다. 실내 습도를 60%까지 올리거나 가습기를 사용한다. 가습기 청결 관리는 필수이다.

세 살 감기, 열 살 비염

2. 기침을 계속할 때

목이 마르고 건조해서 나중에 목이 쉬거나 아플 수 있다. 또 기침은 가래와 같은 이물질을 배출하기 위한 방어 기전이다. 따뜻한 물을 수시로 마시게 해 기관지 점막을 촉촉하게 하고 가래도 묽게 해 배출이 수월해지도록 돕는다.

3. 가래가 배출되지 않을 때

따뜻한 물을 마시게 했는데도 가래가 잘 나오지 않는다면 아이를 세워 앉힌 상태에서 등을 통통 두드려준다. 이때 손은 탁구공 한 개를 쥔 것처럼 오목하게 오므린다.

구토, 탈수

1. 누워서 토했을 때

토사물이 기도로 들어가 막히지 않도록 일단 옆으로 돌려 눕히거나 고개를 돌려준다. 입안, 입가에 토사물이 남아있지 않도록 물에 적신 가제수건으로 잘 닦아준다. 입안을 헹굴 수 있는 큰 아이라면 반쯤 일으켜 앉힌 다음 가글을 해 입안을 씻게 한다.

2. 구토하고 났을 때

구토를 한 후 또다시 토할 수 있기 때문에 바로 음식물을 먹여서는 안 된다. 5~10분 정도 지난 후 물이나 이온 음료를 마시게 한다. 감기 외 다른 원인으로 구토를 한다면 3~6시간가량 금식을 해야 할 수도 있으므로 이 경우 병원 진료를 받도록 한다.

3. 발열, 구토, 설사로 탈수가 우려될 때

감기로 인해 열이 나면 체온으로 인해 체수분이 마르게 된다. 구토나 설사까지 한다면 어린아이는 금세 탈수에 노출된다. 감기에 걸렸을 때, 해열이 필요할 때 수시로 수분을 보충하게 하는 중요한 이유이다. 최근 알려진 가장 믿을 만한 탈수의 징후는 '모세 혈관 충혈 시간'이다. 아이의 발 혹은 손끝을 꾹 눌렀을 때 하얗게 되었다가 다시 불그스름해지기까지 2초가 넘게 걸린다면 탈수를 염려해야 한다. 이런 경우 집에서 경구용 수액을 만들어 충분히 수분을 보충해 전해질 균형을 맞춘다.

세 살 감기, 열 살 비염

NOTE 탈수가 우려될 때! 집에서 경구용 수액 만들기

아이는 어른보다 쉽게 탈수 증상이 올 수 있다. 집에 경구용 수액제제가 있다면 이를 마시게 해도 좋지만 없다면 간단히 만들어 먹여도 좋다. 단, 과량의 설탕은 설사를 부르고 과도한 염분은 아이에게 해로우니 용량을 잘 지켜야 한다. 물(깨끗하게 정수한 물) 1리터 기준 설탕 6작은술, 소금 1/2작은술을 넣어 잘 섞는다. 한 번에 만들어두고 먹여도 좋고, 그때그때마다 만들어 먹여도 좋으므로 원하는 대로 비율에 맞춰 용량을 조절하면 된다. 아기에게 먹일 때는 젖병 혹은 티스푼으로 떠먹이고, 큰 아이라면 컵에 80~100ml씩 따라 천천히 마시게 한다.

3장

감기 치료의 정석은
따로 있다!

사례별 감기 치료법

사례 1

돌도 안 된 아이가
감기에 자주 걸려요

생후 10개월 된 아이입니다. 보통 첫돌 전에는 감기에 잘 걸리지 않는다고 하는데 생후 6개월부터 감기를 앓고 있어요. 감기를 앓을 때면 코가 그렁그렁하고, 기침을 하고, 설사도 잦습니다. 동네 소아과에서 처방받은 약을 일주일가량 먹여도 잘 떨어지지 않습니다. 벌써 네 차례나 이런 일이 반복되니 한 달 내내 감기를 달고 사는 느낌입니다.

돌 이후의 아이들이 감기에 걸리면 감기를 잘 앓게 해주는 것이 중요합니다. 하지만 첫돌 전에 감기에 걸리면 부모는 조금 더

긴장해야 합니다. 이 시기의 감기를 쉽게 보고 자칫 잘못 다룰 경우 아이의 평생 면역력이나 건강에 부정적인 영향을 미칠 수 있기 때문이지요.

첫돌 전 아이가 감기에 자주 걸리는 이유는 크게 두 가지로, 첫 번째는 선천 면역력이 약하기 때문입니다. 저체중 출생아나 조산아의 경우 선천 면역력이 약할 가능성이 높으므로 아이가 산달을 다 채우지 못하고 나왔을 경우에는 더 많이 신경을 써야 합니다. 두 번째는 감염원이 가까이 있기 때문입니다. 아이가 정상적으로 태어났다고 해도 주변에 자꾸 감기에 걸리거나 바깥에서 바이러스를 옮아오는 사람이 있으면 감기에 자주 걸리기도 합니다. 그러므로 첫돌 전 아이가 있는 집에서는 외출했다 돌아오면 반드시 손을 씻고 아이와 접촉하는 것이 좋습니다.

아이가 감기에 걸릴 때마다 설사를 한다면 설사의 원인도 살펴야 합니다. 한의학에서는 소화기 계통의 기운을 '중초^{中焦. 횡경막에서} _{배꼽 부위까지로 흔히 윗배라고 한다}의 기운'이라고 합니다. 감기에 걸리면 이 중초의 기운이 약해져 아이가 설사를 많이 하고 장이 많이 약해집니다. 이때는 장 기능에 나쁜 영향을 줄 수 있는 항생제 사용은 가급적 피하고, 쌀 미음처럼 소화가 잘되는 음식을 먹이는 것이 좋습니다.

또한 이 시기 아이는 폐 기능이 아직 미숙하기 때문에 호흡기가 굉장히 약합니다. 콧구멍도 작아 코딱지가 조금만 붙어 있어도 호흡하는 데 힘들어하고, 약간만 열이 나거나 아프면 호흡이 거칠어집니다. 따라서 아이가 감기에 걸리면 코가 막혀 있지 않도록 도와주어야 합니다.

코막힘에 효과적인 마사지

① 영향혈 마사지

콧방울과 볼이 만나는 움푹 패인 자리가 영향혈迎香穴이다. 이곳이 따뜻해질 때까지 손가락으로 30~50회가량 꾹 눌렀다 떼기를 반복한다. 콧물과 코막힘이 있을 때 효과적이다.

② 인당혈 마사지

양 눈썹 사이 눈썹 뼈의 정중앙에 인당혈印堂穴이 있다. 인당혈에서부터 이마 방향으로 30~50회가량 쓸어주듯 마사지한다. 코막힘 증상을 완화시킨다.

사례 2

아이가 감기를 달고 사는데
밥도 잘 안 먹어요

만 3세 남아입니다. 감기에만 걸리면 입맛이 떨어지는 지 밥을 잘 먹지 않습니다. 감기도 오래가는 편이라 감기를 한 번 앓고 나면 살이 1kg씩 쑥쑥 빠집니다. 성장에도 영향을 미치게 될까 걱정입니다.

아이들은 아프고 난 후에 '따라잡기 성장Catch-up growth'을 합니다. 따라잡기 성장이란, 키가 작은 아이가 성장을 방해하는 원인이 제거되면 성장이 빨라져서 제 나이의 발달 수준까지 도달하게 되는 현상이지요. 저체중아나 자궁 내 성장 지연으로 태어난 소아의 80~90%가 만 2~3세까지 따라잡기 성장을 해 또래 아이들과 비슷한 발달을 이루게 됩니다. 그러나 아이가 자주 아프면 따라잡기 성장을 할 기회를 잃어버려 키가 자라지 않게 되고 또래보다 체구가 작아집니다.

만약 잦은 감기가 방해 요소라면 따라잡기 성장을 위해 반복되는 감기부터 떨쳐내야 합니다. 잦은 감기의 악순환에서 벗어나려면 잘 먹고, 잘 놀고, 잘 자는 시간이 계속 축적되어야 합니다. 그래야 그동안 감기와의 전쟁에 쏟았던 에너지를 성장으로 돌려 키와 몸무게를 불리는 작업에 돌입할 수 있습니다.

감기에 걸린 아이들은 평상시보다 소화력이 떨어져 입맛을 잃기 쉽습니다. 아이가 감기를 앓는 동안은 소화가 잘되는 음식 위주로 먹이고, 감기가 나으면 다양한 재료를 이용해 아이의 입맛을 돋우는 것이 좋습니다. 특히 쓴맛 나는 채소나 나물로 만든 음식을 먹이면 좋은데, 문제는 아이들이 이런 식재료를 좋아하지 않는 것이지요. 쓴맛 나는 식재료를 사용하되 아이가 거부감을 느끼지 않게 조리해 먹일 필요가 있습니다.

만약 평소에도 아이가 밥을 잘 먹지 않고 칭얼거린다면 밥을 잘 먹을 수 있는 식습관을 들여야 합니다. 먼저 돌아다니면서 먹거나 식탁에 앉아 부산스러운 모습을 보이는 아이는 그만큼 먹는 양이 줄어들 수 있습니다. 규칙적인 시간에, 부모와 함께 앉아서 즐겁게 먹는 습관을 들여야 합니다. 숟가락을 들고 쫓아다녀서는 안 됩니다. 그리고 아이가 식욕이 왕성해질 수 있게 자주 움직이고 활발하게 활동할 수 있는 시간을 마련해 주어야 합니다. 잘 먹는 아이가 잘 자라기 마련입니다.

사례 3

아토피와 감기, 무엇부터
치료해야 할까요?

 태어날 때부터 아토피 조짐이 보였습니다. 처음에는 태열이라고 생각했는데 갈수록 붉은 기가 짙어지고 발진이 심해졌습니다. 심할 때는 약한 제제의 스테로이드 연고를 발라 증상을 가라앉히곤 했습니다. 아토피가 진행될수록 감기도 자주 걸립니다. 감기에 걸리면 아토피 증상이 더욱 심해지고요. 아이가 이런저런 약을 너무 많이 먹어 걱정입니다. 아토피와 감기 중 무엇부터 치료하는 게 좋을까요?

아토피 피부염을 앓는 아이에게 감기는 가장 심각한 적입니다.

아토피와 감기는 관련이 깊습니다. 아토피가 심한 아이들이 감기에 자주 걸리는 것은 아토피에서 발전한 천식, 비염 등 알레르기 행진의 예고편이기 때문입니다. 또 감기에 걸리면 열이 오르는데 열은 아토피 증상을 심해지게 만듭니다. 아이가 아토피로 고생하면서 감기에 자주 걸린다면 우선 감기부터 잘 다스려 아토피가 알레르기 행진으로 넘어가지 않도록 해주세요.

감기 예방을 위해서는 평소 호흡기 면역력에 힘써야 합니다. 한의학에서는 피부를 호흡기의 한 계통으로 보기 때문에 마사지를 하면 피부를 단련할 뿐만 아니라 호흡기도 단련할 수 있습니다. 단, 피부 마사지를 할 때 아토피 병변을 자극하지 않도록 보습제를 발라주어야 합니다.

또한 생활 습관, 특히 개인위생 수칙을 잘 지켜야 합니다. 감기 바이러스는 코의 분비물로 오염된 손을 통해 전파되는 경우가 많습니다. 감기가 유행할 때는 사람들이 많이 모이는 장소를 피하고 감기 환자와의 접촉은 최대한 줄이는 것이 좋습니다. 손 씻기, 마스크 착용하기만 잘해도 감기의 70% 이상을 예방할 수 있습니다. 피부나 호흡기 점막이 건조해지지 않게 실내 온습도를 적당히 유지해야 합니다. 평소 실내 온도는 20~24℃(겨울철 18~22℃, 여름철 24~26℃), 습도는 50% 내외가 좋습니다.

아토피가 있는 아이들은 햇볕을 쬐고 운동을 하면 면역력과 호흡기가 튼튼해집니다. 평소 몸이 간지러워 예민하거나 짜증을 부리는 경우가 많으므로 미세먼지가 없는 따뜻한 날은 밖에서 실컷 뛰어놀면서 스트레스를 발산할 수 있게 해주는 것이 좋습니다. 야외 활동은 정서를 안정시키는 효과도 있습니다.

어린이집을 다닌 후
일주일이 멀다 하고 감기에 걸려요

만 3세 아이입니다. 어린이집을 다니면서부터 일주일이 멀다 하고 계속 감기에 걸립니다. 맞벌이 부부라서 아이가 감기에 걸려도 처방받은 감기약과 함께 어린이집에 보냅니다. 주위 아이들에게 감기를 옮길까, 아이 감기 증상이 심해지지 않을까 걱정하는 날들이 많습니다. 혹시 어린이집을 너무 빨리 보낸 걸까요? 아이 감기가 계속 반복되니 어린이집을 그만 다니게 해야 할지 고민스럽습니다.

아이가 어린이집이나 유치원에 다니기 시작하면 몇 개월간 여러 전염성 질환을 돌아가며 앓는 일이 허다합니다. 이전까지 집 안에서 외부의 사기로부터 보호받던 아이가 어린이집, 유치원이라는 열린 공간에 놓이면서 여러 사기와 싸워야 하는 상황이 된 것이지요. 감기, 수족구, 수두, 홍역, 장염, 유행성 독감 등 매일 아이의 면역 체계는 전쟁을 치릅니다. 이때 가장 빈번하고 그나마 수월한 싸움이 감기입니다. 이 감기부터 이기는 연습을 해야 합니다.

우선 아이의 상태를 지켜보면서 수분을 충분히 섭취하고, 편안히 쉴 수 있게 해주세요. 보통 아이들의 감기는 10일에서 2주 정도 지속되는데, 처음 감기에 걸렸을 때는 보호자가 옆에서 잘 살펴봐야 합니다. 조금 힘들더라도 부모가 하루이틀 정도는 아이 옆에서 간호해주기를 권합니다. 방의 습도를 높여 코가 막히지 않게 해주고, 아이가 숨 쉬기 너무 힘들어하면 생리식염수 몇 방울을 코에 넣어준 후 흡입기를 이용해 부드럽게 콧물을 빼주세요. 기침이 심할 때는 옆으로 눕혀 기침하기 편한 자세를 만들어 줍니다. 가래가 그렁그렁할 때는 옆으로 누운 자세에서 가슴과 다리를 모으고 몸을 둥글게 말아, 등을 통통 두드려주면 가래 배출을 도울 수 있습니다.

이렇게 몇 차례 감기를 이겨내면 면역 사이클이 만들어져 점차 감기를 수월하게 넘길 수 있습니다. 아이가 매번 감기에 걸릴 때마다 응급실로 달려가거나 병원에 데려가고 싶은 조급증을 참아내며 감기를 이기는 습관을 잘 잡아주는 것이 지혜로운 부모가 되는 길임을 잊지 마세요. 아이의 면역 체계가 감기 바이러스와 잘 싸워 이겨낼 수 있도록 때로는 천천히 기다리는 여유가 필요합니다.

세 살 감기, 열 살 비염

사례 5

코감기인 줄 알았는데
혹시 비염일까요?

별명이 코흘리개인 만 5세 남아입니다. 처음에는 감기에 걸리면 콧물을 흘렸는데 요즘에는 감기가 끝나도 계속 콧물을 흘리고, 항상 코가 막힌 것처럼 코맹맹이 소리를 냅니다. 아이도 답답한지 코를 자주 비비고요. 그럴 때면 가끔 코를 뽑아주기는 하는데 효과는 그때뿐인 것 같습니다. 혹시 비염이 시작된 걸까요?

아이들이 감기에 걸려 코가 막히면 병원을 방문해 콧물을 뽑아 달라고 하는 부모들이 있습니다. 인위적으로 코를 뚫으면 그 당시에는 코막힘이 덜할 수 있어도 반복해서 코를 뽑으면 오히려 코 점막에 손상을 줄 수 있어 위험합니다. 코 점막은 외부로부터 먼지나 균이 들어왔을 때 방어하는 역할을 하는데 코 점막이 손상을 입으면 상기도가 감염되기 쉬워집니다.

아이의 코가 막혀 있을 때는 한쪽 코에 식염수를 몇 방울 떨어뜨리고 2~3분 후에 흡입기로 코를 살살 빼주세요. 끓인 찻물로 김을 쐬어 주면 콧속이 따뜻해지고 촉촉해지면서 콧물, 코딱지 배출에 도움이 됩니다. 피지오머 같은 상용화된 식염수 분무제를 이용해 콧속에 뿌려주는 것도 코를 뚫어주는 방법입니다.

만약 만 5세가 되어도 코가 계속 막히면 비염이나 부비동염의 가능성도 생각해봐야 합니다. 한의학에서 코 질환을 치료하는 원리는 코 주위로 흐르는 기운을 맑게 해주어 몸에서 스스로 염증을 가라 앉히고 농을 배출하게 하는 것입니다. 코 주위로 흐르는 기운은 폐와 연관되어 있으므로 폐 기능을 강화할 수 있도록 치료하는 것이지요. 그리고 전반적인 몸 건강을 증진시켜 코 점막의 면역을 높입니다.

증상이 급성일 경우에는 경락에 깃든 해로운 기운을 몰아내고 열을 내리는 치료가 필요합니다. 누런 콧물이 흐르고 코가 막히는 경우에는 폐 경락에 있는 풍열을 풀어줍니다. 만성으로 접어드는 단계라면 호흡기와 소화기의 기운을 북돋아 병을 이길 수

세 살 감기, 열 살 비염

있는 힘을 키워줍니다. 증상이 어느 정도 가라앉으면 근본적인 면역력 증진 치료에 힘씁니다.

아이의 호흡기를 튼튼히 해주고 면역력 강화와 생활 관리를 잘 해주면 비염 증상이 거의 불편함을 느끼지 않을 정도까지 많이 호전될 수 있습니다.

콧속을 촉촉하게, 찻김 쐬기

준비물
쑥이나 천궁, 박하 등의 약재를 넣어 끓인 차 또는 페퍼민트 같은 아로마 차, 사기대접

① 사기대접은 따뜻한 물을 담아 데워 놓는다.

② 준비한 차를 팔팔 끓인 다음 따뜻하게 데운 사기대접에 담는다.

③ 아이가 화상을 입지 않도록 사기대접에서 15cm 정도 떨어진 곳에서 찻김을 쐰다.

④ 아이가 힘들어하면 잠시 고개를 들었다가 다시 시도한다.

⑤ 콧방울에 잔 물방울이 생길 때까지 계속하고, 사기대접의 찻물이 식으면 끓인 찻물로 갈아준다.

사례 6

아이가 천식이 있는데
감기에 쉽게 걸려요

아이가 첫돌 전후해서 감기를 심하게 앓았습니다. 이후 (모)세기관지염을 두 차례 앓았고, 폐렴 때문에 입원한 적도 있습니다. 지금 만 3세인데 얼마 전에 숨소리가 이상해서 병원에 가봤더니 천식이라고 합니다. 아직 약을 쓸 정도는 아니지만 아이가 감기를 자주 앓아서 천식이 한층 심해질까 걱정입니다.

천식은 기관지의 염증이 반복되면서 기관지가 심하게 좁아진 상태를 말합니다. 염증이 생기면 기관지가 더욱 더 좁아지고 천식이 악화될 가능성이 높기 때문에 항상 기관지에 염증이 생기지 않도록 주의가 필요합니다. 염증을 예방하기 위해서는 아이가 감기에 걸리지 않게 최대한 도와주어야 합니다.

천식이 있는 아이에게 위험한 것 중 하나가 갑작스러운 온도 변화입니다. 기관지를 항상 따뜻하게 하는 것이 좋으므로 따뜻한 음료나 차를 마시는 습관을 들이세요. 찬바람, 냉기 등 한기寒氣는 발작적인 기침을 유발할 수 있습니다. 외출할 때 가벼운 스카프를 목에 감싸주면 한기가 기관지 깊숙이 전해지는 것을 차단합니다. 여름철에는 에어컨 사용으로 인한 실내외 온도 차에 주의하고, 얇은 카디건이나 상의를 준비해 찬바람이 강할 때는 바로 입혀주세요.

겨울철에는 외출할 때 마스크를 착용해 아이의 호흡기가 차가운 공기에 직접 노출되지 않게 해줍니다. 집에 돌아오면 샤워 후 목 뒤의 대추혈大椎穴, 아이가 고개를 숙였을 때 뒷목 뼈가 툭 튀어나온 지점과 풍지혈風池穴, 목덜미 머리털이 나기 시작하는 부위로 뒷목 중앙에 좌우로 1.5cm 떨어진 우묵한 지점을 따뜻하게 해주세요. 호흡기를 한기로부터 튼튼하게 지킬 수 있습니다.

대추혈, 풍지혈을 따뜻하게 하는 방법

① 겨울철 외출했다 집에 돌아오면 아이를 깨끗하게 씻긴 후 보습제를

바른다.

② 헤어 드라이어의 바람 세기를 온풍 중간 단계에 맞추고 뒷목 혈자리에 바람을 쏜다.

③ 아이가 뜨거워하지 않도록 헤어드라이어를 좌우로 오가면서 5분간 쐬어준다.

④ 평소 풍지혈, 대추혈을 따뜻하게 해준다. 특히 풍지혈을 자주 눌러주면 비염 증상 완화, 혈액 순환, 집중력 향상, 면역력 증진에도 도움이 된다.

사례 7

유행하는 감기는
제일 먼저 걸리고, 오래 앓아요

네 살인데 어린이집에 다니면서 감기에 자주 걸립니다. 감기가 유행한다 싶으면 제일 먼저 걸리고 마지막까지 낫질 않습니다. 열은 잘 내리는데 콧물과 기침이 오래갑니다. 감기 때문에 어린이집에 결석할 수도 없고, 다른 아이에게 감기를 옮길까 무조건 보내기도 그렇습니다. 체격도 작은데다 평소 기운도 없어 보이고, 친구들이 뛰어놀 때도 잘 어울리지 못합니다. 감기에 자주 안 걸리게 하려면 어떻게 해야 할까요?

감기가 열흘가량 지속되더라도 크게 걱정할 필요는 없지만 2주 이상 지속되면 혹시 다른 문제가 있는지 다시 진료를 받아야 합니다. 콧물이나 기침이 3주 이상 지속되면 합병증을 의심해볼 수도 있습니다. 단, 아이가 다른 아이들보다 늘 감기를 오래 달고 있다면 실제로 면역력이 약하고 체력이 뒤떨어지는 경우일 수 있습니다. 그런 경우 신체 전반의 기운을 북돋아주는 것이 필요합니다.

아이가 왜소하다면 우선 충분히 영양을 섭취하는지 점검해봐야 합니다. 잘 먹지 못해 영양이 불균형하면 면역력은 물론 체력도 떨어져 감기와 싸워 이길 힘이 없습니다. 당연히 감기 증상도 오래가지요. 이런 경우 한방 요법을 쓰고 싶다면 영지차가 도움이 됩니다. 영지는 '현대의 불로초'라고 불릴 만큼 항암 효과가 뛰어난 것으로 알려져 있습니다. 심신을 안정시키고 기혈을 보충하며 기침을 진정시키는 효능도 있습니다. 하지만 맛이 쓰기 때문에 진하게 끓이지 말고, 살짝 맛만 느낄 정도로 연하게 끓여 마시기를 권합니다.

기력 보강, 기침 완화에 좋은 영지차 끓이기

준비물
주전자, 손가락만한 크기의 영지 2조각, 감초 약간, 물 2L

① 준비한 영지를 물에 깨끗이 씻는다.

② 주전자에 물 2L를 붓고 영지 조각을 넣는다.

③ 감초를 넣는다. 감초는 영지의 쓴맛을 어느 정도 제거해준다.

④ 중간불에서 끓이다 팔팔 끓어오르면 약불로 줄이고 2시간가량 끓인다.

⑤ 어른 커피잔 용량만큼 하루에 1~2회 정도 따뜻하게 먹인다.

⑥ 연하게 끓였는데도 아이가 쓰다고 먹기를 거부하면 꿀(생후 12개월 이

상)을 조금 타서 먹인다.

감기에 걸리면
열이 꼭 39℃까지 올라요

아이가 네 살인데 목감기, 열감기로 자주 고생합니다. 열이 나면 39℃에서 40℃까지 올라 밤새 해열제를 옆에 두고 아이 상태를 살핍니다. 더 어렸을 때는 고열 때문에 응급실에 가는 일도 많았고요. 다행히 열성 경련을 한 적은 없는데, 혹시 앞으로 고열 때문에 무슨 일이 생길까 걱정입니다.

부모들은 아이 열에 민감하게 반응할 수 밖에 없습니다. 열이 가장 위험하다고 생각하기 때문이지요. 어떤 면에서 맞는 말이지만 부모가 생각하는 '고열'과 의사가 생각하는 '고열'은 정도가 다를 수 있습니다. 아이들은 대부분 열이 오르락내리락하는데 초기 발열의 경우라면 아이 상태를 잘 살피는 것으로 충분합니다. 그러나 열이 39℃ 이상 오르면 병의원이나 한의원을 방문해 아이 상태를 확인하는 것이 좋습니다.

열성 경련은 아이의 체온이 오르는 과정에서 언제든지 일어날 수 있습니다. 열성 경련이 일어나는 체온 기준은 따로 없으며, 고열이라고 바로 열성 경련이 일어나지도 않습니다. 그리고 열성 경련이 일어나지 않도록 미리 해열제를 먹는다고 해서 경련을 예방할 수 있는 것도 아니지요. 만약 아이가 열성 경련을 일으켰다면 신속하게 119에 도움을 요청하거나 응급실에 가야 합니다.

그러나 39℃ 이상의 고열이 아니라면 탈수가 일어나지 않도록 물을 자주 먹이며 일단 경과를 지켜보는 것이 좋습니다. 열이 나면 식욕도 떨어지고 물조차 안 마시려고 하는 아이가 많은데, 식사는 가볍게 하더라도 물은 꼭 신경 써서 마셔야 합니다. 아이들은 열이 날 때 수분 섭취가 적으면 쉽게 탈수가 올 수 있기 때문이지요. 맹물, 보리차 등을 준비해 수시로 마시게 하고, 만약 마시지 않으면 물에 과즙을 타거나 누룽지를 끓인 물에 소금, 설탕을 조금 타서 먹여도 좋습니다.

또 아이가 열을 내는 과정에서 몸을 떨 수 있는데, 그때는 절대 찬 수건으로 몸을 닦아주면 안 됩니다. 미지근한 수건으로 몸을 닦아주어야 몸이 적당히 따뜻해지고 열을 배출할 수 있습니다. 목욕 역시 가급적 피하고, 하더라도 짧은 시간 안에 끝내야 합니다. 목욕 후에는 몸의 땀구멍이 열려 있기 때문에 옷을 갈아입는 동안 한기가 피부에 닿으면 감기가 심해질 수 있습니다. 잘 때는 얇고 땀이 잘 흡수되는 옷을 입히고, 얇은 이불을 덮어주는 것이 좋습니다.

세 살 감기, 열 살 비염

부모의 알레르기 비염도
아이에게 유전이 될까요?

여섯 살 아이인데 지금까지 감기를 비롯해 심하게 아
픈 적이 없습니다. 늘 건강하고, 감기에 걸려도 하루 정
도 종합 감기약을 먹이면 금세 떨어졌고요. 또래보다 키도 크고
덩치도 좋습니다. 한가지 걱정이라면 아이 아빠가 알레르기 비염
을 앓고 있다는 것입니다. 가족력이 문제가 될 수 있을까요?

여섯 살 된 아이가 감기에 잘 걸리지 않는 것이 나쁜 일은 아닙
니다. 그만큼 면역력이 좋다는 증거입니다. 하지만 부모 중 한 명
이 알레르기 질환을 앓고 있다면 아이 역시 알레르기 질환을 앓

을 가능성이 50% 정도 됩니다. 지금 증상이 없다고 해도 면역 체계가 완전히 성숙한 상태라고는 말할 수 없는 것이지요. 긴장의 끈을 놓아서는 안 됩니다.

지금까지 건강을 잘 살펴주었다면 알레르기 행진이 이어질 수 있는 만 7~10세 무렵까지는 비염이 생기지 않도록 조심해야 합니다. 평소 아이의 코 건강에도 주의를 기울여야 하고요. 한의학에서는 알레르기 비염을 치료할 때 콧물, 코막힘, 재채기 등 증상이 심하면 증상 완화를 중점적으로 치료하고, 증상이 약해지면 코 건강과 연관된 호흡기 면역력을 보강하는 치료를 합니다.

아직 아이에게 알레르기 비염이 나타나지 않았다면 일상 속에서 땀이 나고 숨이 찰 정도의 규칙적인 운동을 통해 호흡기를 튼튼하게 해주어야 합니다. 미세먼지로 인해 호흡기 질환이 발생하지 않도록 평소 생활 관리에도 힘써야 합니다.

체격도 좋고 잘 먹는데
때만 되면 감기에 걸려요

또래 아이들과 줄을 서면 뒤에서 두 번째일 정도로 키
가 큽니다. 체격도 좋고 먹는 것도 잘 먹는데 아이가 감
기를 그냥 넘기지 못합니다. 다른 아이들이 감기에 걸리면 꼭 같
이 걸리고, 환절기에도 감기를 달고 삽니다. 건강해 보이는데 왜
그럴까요?

덩치가 좋은데도 감기에 잘 걸리는 아이는 대개 비만이거나 속
열이 있는 경우로 볼 수 있습니다. 뚱뚱한 아이들은 기혈 순환이
원활하지 않아 감기에 잘 걸리지요. 기혈이 잘 순환하려면 아이

가 좋아하는 종목을 정해 꾸준히 운동을 시키는 것이 좋습니다. 또 아이가 숨을 깊이 들이쉬고 내쉬는 호흡을 많이 할 수 있도록 평소 리코더나 아코디언 연주, 노래 부르기 같이 호흡을 크게 하는 활동을 하는 것이 효과적입니다.

속열이 많아 호흡기 점막 자체가 건조하고 예민한 아이들을 보면 단것이나 인스턴트식품을 좋아하는 경우가 많습니다. 튀김, 떡볶이, 초콜릿, 피자, 햄버거 등 부피나 무게에 비해 열량이 높은 음식, 인스턴트식품들은 되도록 먹이지 말아야 합니다. 대신 도라지, 더덕, 봄나물 등 호흡기를 튼튼하게 해주는 쓴맛 나는 채소를 자주 먹여야 합니다.

사례 11

감기에 걸렸는데
기침만 2주 넘게 하고 있어요

얼마 전 유치원에서 감기를 옮아왔습니다. 열은 크게 오르지 않았고, 콧물만 일주일 정도 나왔습니다. 문제는 기침이 2주 이상 지속되면서 낫질 않습니다. 처음에는 그러려니 했는데 지금은 기침을 너무 오래하니 기침약을 따로 먹여야 할지 고민입니다. 기침만 하니까 한번 이비인후과에 가보는 것이 좋을까요?

아이들이 감기에 걸리면 일반적으로 열은 3일, 콧물은 7~10일, 기침은 10일~2주 정도 지속됩니다. 따라서 감기로 인한 기침이

2주 정도 지속되는 것은 외부 사기에 의한 자연스러운 반응입니다. 먼지, 가래, 기타 이물질을 배출하느라 기침을 하는 것이지요.

그러나 감기가 나은 후에도 기침이 2주 이상 지속되면 기도가 과민해져 별다른 자극 요소가 없어도 저절로 수축 반응을 할 수 있습니다. 이런 경우 주위 환경이 너무 건조하거나 기관지나 폐 등 호흡기가 건조한 것일 수 있으니 외출을 삼가고, 물을 자주 마시고, 최대한 휴식을 취하기를 권합니다.

또한 속을 비우고 잠자리에 들어야 자는 동안 기침을 덜합니다. 잠들기 전 2시간 동안은 물 이외에 다른 음식물을 섭취하지 않도록 주의합니다. 감기를 앓을 때는 가급적 우유도 먹이지 않아야 합니다. 더불어 단맛이 나는 과일보다는 키위, 오렌지, 귤, 레몬, 자두 같이 신맛이 나는 과일을 먹여야 합니다.

만약 콧물이 2주 이상 지속되면 병의원이나 한의원을 방문해 부비동염이나 중이염 등의 합병증이 생기지 않았는지, 잔기침을 3주 이상 한다면 호흡기에 다른 문제는 없는지 확인해 볼 필요가 있습니다.

기침이 오래갈 때 마시면 좋은 맥문동차

최근 미세먼지에 의한 호흡기 질환에 좋다고 알려진 맥문동은 폐나 기관

세 살 감기, 열 살 비염

지를 윤기 있게 하고, 기력을 보강하는 효능이 있어 만성 기관지염에 잘 쓰인다. 기침이 오래갈 때 차로 끓여 마시면 효과가 좋다. 여름철에는 차게 해서 마셔도 되지만 겨울철에는 따뜻하게 데워 마셔야 한다.

준비물
주전자, 맥문동 2~3개, 물 1L

① 준비한 맥문동을 물에 깨끗이 씻는다.
② 주전자에 물 1L를 붓고 맥문동을 넣는다.
③ 센불에서 30분 이상 팔팔 끓인 다음 맥문동을 건져내고 그대로 식힌다.
④ 다 식으면 병에 담아 냉장고에 보관하고 아침저녁으로 한두 잔씩 보리차처럼 마신다.

사례 12

아이가 감기만 걸리면
꼭 중이염을 앓아요

 아이가 감기에 걸리면 늘 귀가 아프다고 합니다. 병원에서 중이염 진단을 받아서 치료도 했습니다. 그런데 감기만 걸리면 자꾸 중이염이 재발합니다.

중이염이 자주 생기면 콧물이 오래가는 것이 원인일 수 있습니다. 어린아이의 귀와 코는 짧고 수평에 가까운 이관으로 연결되어 있어, 콧물이 오래 지속되면 귀에도 염증을 일으키기 쉽습니다. 어른에 비해 기능적으로도 미숙해 코의 염증이 귀로 잘 전달되기 때문이지요. 이런 이유로 만 3세 이전 아이들의 90%는 한

세 살 감기, 열 살 비염

번 이상 중이염을 경험합니다.

아이가 중이염일 때 많이 걱정하는 것이 항생제 사용입니다. 중이염에는 귀의 통증이나 발열 등 급성 염증 증상을 동반하지 않는 삼출성 중이염과 급성(화농성) 중이염이 있습니다. 삼출성 중이염은 소아 중이염 치료 지침에 따라 항생제 치료 대상이 아닙니다. 급성 중이염도 생후 24개월 이하의 아이가 급성 중이염으로 확진을 받은 경우, 고막에 구멍이 나서 고름이 새는 경우, 염증의 정도가 심한 경우, 2차 감염의 우려가 있는 경우가 아니면 처음부터 항생제 치료를 하지 않습니다.

아이의 병은 무조건 빨리 고쳐주는 것이 능사가 아닙니다. 감기에 걸린 아이가 중이염 증상을 보이면 우선 코가 막혔는지 살펴보면서 코 질환부터 치료를 해야 합니다. 급성 중이염은 보름 정도면 자연스럽게 나을 확률이 80% 정도이므로, 아이가 중이염으로 인해 고열, 귀 통증을 겪지 않는다면 일단 지켜보는 것이 좋습니다.

평소 아이의 중이염을 예방하려면 아이가 자는 중에 우유병으로 수유하지 않도록 주의하고, 공갈 젖꼭지도 6개월 이상 물리지 않아야 합니다. 부모는 집 안에서 반드시 금연해야 합니다. 아이가 콧물을 흘릴 때는 코를 한쪽씩 풀어서 귀로 가는 압력을 줄여줍니다.

잦은 감기나 비염으로 인해 콧속 환경이 악화되면 중이염을 불러올 수 있으므로, 코 건강에도 주의를 기울여야 합니다. 평소 물을 충분히 먹이고 실내 온도는 20~24℃, 습도는 50~55%로 유지해 코가 막히지 않는 환경을 마련해주세요.

사례 13

감기에 자주 걸린다고
편도 수술을 권하네요

다섯 살 아이인데 감기에 자주 걸려서 한 달에 두어 번 씩 병원에 가곤 합니다. 감기에 걸리면 우선 목부터 쉽니다. 병원에서는 아이 편도가 크다고 하면서 편도 수술을 권합니다. 편도가 크면 열이 많이 올라 아이가 고생을 한다는데, 수술을 하는 게 좋을까요?

편도는 보통 만 2세부터 비대해져서 입천장 밖으로 튀어나옵니다. 이후 점점 커지기 시작해 초등학교에 다니는 만 8~10세 때 가장 커지고 이후부터는 점점 작아집니다. 그러므로 아이가 편도가 크고, 감기에 자주 걸린다고 해서 무조건 수술을 해야 하는 것은 아닙니다. 아이가 성장하면서 자연스럽게 편도의 크기가 줄어들고, 편도염이나 목감기에 걸렸을 때 조금 더 수월하게 이겨낼 수 있습니다.

단, 아이가 음식을 삼키기 힘들어하고 자주 구토를 할 정도로 편도가 큰 경우에는 절제 수술을 생각해볼 수 있습니다. 그리고 잘 때 숨을 안 쉬는 일이 잦거나 자면서 호흡이 길어지는 경우, 즉 편도가 호흡을 방해해 무호흡 증상을 보인다면 절제 수술을 고려할 수 있습니다.

평소 박하차를 꾸준히 마시면 목 쪽에 뭉친 열을 풀어주어 편도에 좋습니다.

인후통 완화에 좋은 박하차

준비물
주전자, 말린 박하 잎 5g, 물 1L

① 주전자에 물 1L를 붓고 준비한 박하 잎을 넣는다.
② 센불에서 끓이다 팔팔 끓어오르면 불을 끄고 3~5분 정도 그대로 식힌다.
③ 박하 잎은 체에 거르고, 차는 병에 담아 보관한다.

④ 하루에 2~3회씩 마신다.

※ 말린 박하 잎 대신 시판용 박하차나 페퍼민트차를 이용해도 좋다. 박하차는 장기간 마시면 부작용이 있을 수 있으므로 반드시 한의사와 상담 후 마셔야 한다.

아이가 한 달째
콧물을 흘리고 있어요

활동적인 만 5세 남아입니다. 얼마 전 밖에서 한참 뛰어놀다 들어오더니 그만 감기에 걸렸습니다. 열과 기침은 3일 정도 지나니 괜찮아졌는데, 콧물이 계속 흐릅니다. 연신 코를 닦다 보니 코가 헐기도 했고요. 이럴 때는 어떤 약을 쓰는 것이 좋을까요? 또 코가 아프지 않게 하는 방법이 있을까요?

아이가 콧물을 계속 흘리면 아침 잠자리에서 일어난 순간부터 세심히 돌봐야 합니다. 일어난 직후에는 아직 몸이 냉한 상태이기 때문에 가벼운 찬바람에도 재채기가 터지고, 그러면 그날 하

세 살 감기, 열 살 비염

루 종일 코 상태가 좋지 않기 때문이지요. 아이가 자고 깼을 때 곧바로 서늘한 거실이나 욕실에 가기보다 방에서 충분히 움직여 몸을 덥힌 후 가야 합니다.

그렇다고 평소 실내 온도를 너무 덥게 할 필요는 없습니다. 실내외 온도 차가 5℃ 정도 되게 유지하고, 외출할 때는 미리 환기를 시켜 바깥 기온에 적응한 다음 나가는 것이 좋습니다. 목욕을 하거나 머리를 감고 바로 밖으로 나가면 한기가 스며들면서 코막힘이 시작될 수 있으므로 주의해야 합니다.

아이 콧물이 오래 지속되면 코 점막이 헐어 나중에는 손을 대기가 어려워집니다. 아이가 콧물을 흘릴 때 마른 휴지로 닦아내면 마찰로 인해 연약한 피부가 짓무를 수 있으므로, 흐르는 물에 코를 닦으며 풀어주는 것이 좋습니다. 매번 하기 어렵다면 마른 휴지보다 부드러운 물티슈를 사용합니다. 코가 짓무르면 부드러운 크림을 발라서 자극을 덜어주거나 연고를 처방받아서 발라주는 것도 방법입니다.

만약 누런 콧물이 오래간다면 폐에 나쁜 열이 쌓인 것일 수 있습니다. 이런 경우 폐에 물기를 더해 열을 내리고, 호흡기 점막에 윤기를 더해야 합니다. 말린 대추와 감초를 적당량 섞어 달인 대추차를 먹이는 것이 좋으며, 콧물만 흘리는 증상이 2주가 채 안 되었다면 파뿌리차나 차조기 잎을 달인 차를 먹여도 효과가 있습니다. 2주 이상 콧물을 흘린다면 비염은 아닌지 근처 병의원이나 한의원에서 확인해 보는 것이 좋습니다.

콧물, 코막힘이 오래갈 때는 파뿌리차

준비물
주전자, 대파 5개, 대추 3~4알, 생강 작은 조각 1개,
물 600~700㎖

① 대파는 뿌리까지 깨끗이 씻은 다음 뿌리부터 흰대 부분을 잘라둔다.

② 대추, 생강도 깨끗이 씻는다.

③ 주전자에 준비한 물을 붓고 씻어둔 재료를 모두 넣는다.

④ 센불에서 끓이다 팔팔 끓어오르면 약불로 줄이고 3~5분 정도 더 끓인다.

⑤ 끓인 차는 아이가 만 3세 미만이면 하루 3회, 만 3세 이상이면 하루 2회 나누어 마시게 한다. 아이가 먹기를 거부하면 꿀(생후 12개월 이상)을 조금 타서 먹인다.

감기에 걸리면 코를 골고, 입을 벌리고 자요

이제 세 살인데 늘 코를 훌쩍거리고 잘 때도 입을 벌리고 잡니다. 가끔 코 고는 소리가 낮게 들리기도 하고요. 아침에 일어날 때마다 기침을 해서 약도 꽤 먹였는데 잘 낫지 않네요.

항상 코를 훌쩍거리고 잘 때도 입을 벌리고 자는 것은 비염 때문에 코가 뒤로 넘어가는 후비루 증상 또는 흔히들 축농증이라고 부르는 부비동염일 가능성이 큽니다.

부비동염은 많은 사람이 심각하게 여기지만 아이들에게는 흔한 질병으로 약물로 치료할 수 있습니다. 하지만 재발하는 일이 많아 꾸준히 관리해야 합니다. 특히 비염이 오래되면 부비동염이 되기 쉬우므로 먼저 비염이 생기지 않게 치료하는 일이 중요합니다. 후비루 증상은 아데노이드를 자극해 붓게 만들고 코의 호흡을 방해해 잘 때 입을 벌리거나 코를 골 수 있습니다.

아이가 감기에 걸릴 때마다 코를 곤다면 콧물, 코막힘, 코 점막 관리에 더욱 신경을 써야 합니다. 평소 물도 많이 먹이고 실내외 온도 차가 심하지 않게 환기를 자주 해주는 것도 코의 증상을 완화하는 데 도움이 됩니다.

비염이나 부비동염이 오래가면 항상 코가 막히기 때문에 음식 맛을 제대로 느낄 수 없어 식욕이 떨어집니다. 또 수면을 방해해 성장에 나쁜 영향을 끼치고, 집중력을 떨어뜨려 학습 능률을 저해합니다. 저녁 무렵 족욕이나 반신욕으로 뭉친 기혈을 풀고 신진대사를 활발하게 해주세요. 코막힘을 완화시키고 숙면에 도움이 됩니다. 족욕이나 반신욕은 면역력을 증진시켜 감기 예방에도 좋습니다.

세 살 감기, 열 살 비염

코막힘에 좋은 족욕

준비물
아이 무릎 높이 정도의 대야 또는 양동이, 타월, 따뜻한 물(38~40℃ 정도)

① 대야에 준비한 온수를 붓는다.

② 두 발을 담그고. 이마나 머리에 땀이 날 때까지(대략 15분간) 기다린다.

③ 땀이 안 나면 담요 등을 덮어 몸을 따뜻하게 한다. 아이가 지루해하면 그림책이나 간단한 동영상을 보게 해도 좋다.

④ 족욕 후에는 수건으로 땀을 가볍게 닦아주고, 따뜻한 물을 마시게 해 수분을 보충해준다.

사례 16

감기에 걸리면
자꾸 토하고 설사를 해요

채 두 돌이 안 된 아이입니다. 감기에 걸리면 열흘씩 앓곤 합니다. 평소에도 자주 토해서 걱정인데 감기를 앓는 동안은 평소보다 더 자주 토합니다. 설사도 자주 하고요. 열은 많이 안 나는데 설사를 자주 해서 탈수 증상이 생길까 걱정입니다.

아이가 평소에도 자주 토하거나 장염에 자주 걸린다면 비위(소화기)가 허약하기 때문일 수 있습니다. 만 두 돌이 안 되었기 때문에 아이의 먹거리와 식습관 길들이기에 주의해야 합니다. 소화에

세 살 감기, 열 살 비염

부담을 주는 밀가루, 기름진 음식, 초콜릿, 탄산음료는 가급적 피해주세요. 식단에 주의하는데도 아이가 잘 토한다면 다른 원인이 있는지 살펴야 합니다.

많은 아이가 만 2세까지는 위 입구의 괄약근(분문)이 약해서 쉽게 토하곤 합니다. 혹시 싫어하는 음식을 먹으면 습관적으로 토하는 신경성 구토는 아닌지 확인해야 하며, 토사물에 녹색이나 빨간색이 섞여 있는지, 구토하면서 아이가 늘어지거나 배가 빵빵해지지 않는지 살펴야 합니다. 만약 이런 증상이 있다면 전문의의 진찰을 받아보는 것이 좋습니다.

아이가 한두 번 정도 토할 때는 우선 2~4시간 정도 물만 조금씩 먹이며 다른 것은 아무것도 먹이지 않는 것이 좋습니다. 누워 있을 때 구토한다면 얼굴을 옆으로 돌리거나 엎드려 눕혀서 토사물에 기도가 막히지 않게 해야 합니다. 구토가 멎은 뒤에는 다음 끼니부터 미음이나 죽을 조금씩 먹입니다.

감기에 걸린 아이가 열이 별로 없어도 구토하고 설사를 하면 탈수의 위험이 있으므로 물을 자주 먹여 탈수를 예방해야 합니다. 이런 아이들은 체질상 소화 기능이 약하고, 속이 냉하기 쉬우므로 소화하기 쉽고 따뜻한 성질의 음식을 먹이는 것이 중요합니다. 소화하기 힘든 지방질 음식, 찬 음식, 날 음식은 복통이나 설사를 유발하기 쉽습니다. 특히 냉면, 참외, 수박, 찬 우유, 아이스크림, 밀가루 음식은 되도록 먹이지 말아야 합니다.

대추차나 구기자차를 꾸준히 먹이면 도움이 되고, 만성적으로 설사를 하는 아이라면 3개월 정도 꾸준히 유산균을 섭취해 장내 유익균이 생기게 도와주어야 합니다. 마죽을 자주 끓여 먹여도 좋습니다.

소화 기능을 향상시키는 마죽

준비물
쌀 1/2컵, 산마 150g, 물 4컵, 당근·호박 다진 것 약간, 소금 약간

① 산마는 물에 깨끗이 씻어 껍질을 벗긴다. 이때 맨손으로 껍질을 벗기면 손이 가려울 수 있으므로 반드시 위생장갑을 착용한다.

② 껍질을 벗긴 산마는 강판에 간다.

③ 쌀은 깨끗이 씻어 물에 불린 다음 믹서에 좁쌀 크기로 간다.

④ 냄비에 준비한 쌀과 다진 당근과 호박, 물을 넣고 센불에서 끓인다.

⑤ 어느 정도 끓으면 갈아둔 마를 넣고 약불로 줄인 후 눌어붙지 않게 저어가며 끓인다.

⑥ 아이가 돌 이전이라면 소금 간을 하지 않고, 돌 이후라면 소금 간을 해서 먹인다.

사례 17

아이가 놀러 갔다 오면
꼭 아파요

외출하거나 조금 멀리 나들이를 다녀오면 꼭 병치레를 합니다. 피곤한지 코피를 흘리기도 하고, 밥을 잘 못 먹거나 2~3일 변을 못 보기도 합니다. 평소에 변은 단단한 편이고, 땀도 많이 흘립니다. 내년이면 초등학교에 입학하는데 나중에 학교생활을 제대로 할 수 있을지 걱정입니다.

아이가 면역력이 약해 자주 아픈 경우라고 할 수 있습니다. 면역력을 키워주면서 호흡기 질환이 유행하는 환절기에는 무리하지 않고 휴식을 취하게 하는 것이 좋습니다.

평소 찬물보다는 따뜻한 물을 자주 마시게 하며, 가까운 곳이라도 외출하고 돌아오면 손을 씻고 양치하는 습관을 들입니다. 감잎차나 유자차 등을 자주 마시는 것도 감기 예방에 좋습니다.

아이가 밥을 잘 먹지 못하면서 땀을 많이 흘리고 얼굴이 푸석해 보이면 비위가 약한 아이일 가능성이 높습니다. 매일 저녁 잠자리에 들기 전 소화기가 튼튼해질 수 있게 팔다리를 잘 주물러 주세요. 팔다리 마사지는 몸을 충분히 이완시켜서 피로 회복에 좋을 뿐 아니라 근육이 튼튼해지게 도와줍니다. 이는 성장호르몬 분비에도 도움이 됩니다.

아이 성장기를 길게 내다보고 점차적으로 체력을 쌓을 수 있는 운동 하나를 선택해 꾸준히 실천하는 것도 효과적입니다. 이왕이면 아이가 좋아하는 종목이어야 합니다. 수영은 심폐 기능을 원활하게 하고 몸을 유연하고 튼튼하게 하지만, 비염처럼 코에 문제가 있는 아이는 피해야 합니다. 평소 생강차나 인동덩굴꽃차 등으로 감기를 예방하면서 소화기를 튼튼하고 따뜻하게 관리해 주는 것도 좋습니다.

호흡기, 소화기 건강을 돕는 인동덩굴꽃차

준비물
주전자, 말린 인동덩굴 꽃 8~10g, 물 600ml

① 말린 인동덩굴 꽃을 물에 살살 헹구듯이 씻는다.

② 주전자에 인동덩굴 꽃을 넣고 물을 붓는다.

③ 색이 살짝 우러나올 때까지 약불에서 끓인다.

④ 끓인 차는 아이가 만 3세 미만이면 하루 3회, 만 3세 이상이면 하루 2회 나누어 마시게 한다. 아이가 먹기를 거부하면 올리고당이나 흑설탕, 꿀(생후 12개월 이상) 등을 조금 타서 먹인다.

사례 18

감기에 걸리면
찬 것만 찾아요

만 6세 아이입니다. 감기에 걸리면 약 먹고 괜찮아졌
다 싶다가 또 기침을 하곤 합니다. 열은 많이 안 나지만
기침하다 토하는 일이 많습니다. 속이 더워서 그런지 감기에 걸
려도 찬 것만 찾고요. 아이가 원하는 대로 찬 것을 먹여도 되는지
궁금합니다. 아이 입술이 다른 아이들에 비해 많이 붉은 편이고
우유를 아주 좋아합니다.

　속열이 많은 아이입니다. 이런 아이는 시원한 곳이나 찬 곳을
찾아다니며 자는데 찬 곳에서 잠을 자게 놔두거나 창가에 머리를

두고 자면 감기에 잘 걸립니다. 아이가 찬 것을 좋아한다고 찬 음식만 주면 소화기가 냉해져 속열은 더 뭉치게 되지요. 몸속에 쌓인 속열은 신체 활동으로 근육을 마찰시켜 땀을 내거나 채소를 충분히 먹여 대변으로 내보내는 것이 좋습니다.

또한, 평소 치커리나 양상추, 시금치 등 채소를 많이 먹이고 단음식, 매운 음식, 튀긴 음식, 밀가루 음식 등을 줄여야 합니다. 채소는 생으로 먹이기보다 살짝 데쳐 부피를 줄이는 편이 소화도 돕고 많이 먹일 수 있습니다.

속열이 많은 아이들은 특히 무더운 여름을 싫어하고, 에어컨 앞에만 있는 경우가 많습니다. 그러나 적당히 덥고 땀도 흘려야 아이가 가을, 겨울에 잔병치레를 안 하고 쉽게 넘어갈 수 있습니다.

밤에 너무 더우면 심열이 가라앉지 않아 잠들기 어려워할 수도 있습니다. 실내 환경은 여름에는 24~26℃, 겨울에는 18~22℃, 습도는 40~60% 정도로 맞춰주세요. 평소 영지차(116쪽 참조)를 마셔 속열을 풀어주고 면역력을 키워주는 것도 좋습니다.

감기에 걸리기만 하면
입원을 해요

 만 3세 여자아이입니다. 생후 2개월 때 폐렴으로 입원
한 후부터 감기만 걸리면 폐렴, 기관지염으로 발전합니
다. 결국에는 입원을 하고요. 벌써 올해만 두 번째 입원입니다.

만 3세 미만의 어린아이들은 감기에 걸리면 기관지염, 폐렴 등
의 합병증이 나타날 수 있습니다. 감기인 상기도 감염이 하기도
감염으로 전이되기 쉽기 때문이지요. 아침에 "가래가 많네요"라
는 진단을 받았는데 그날 저녁에 폐렴이라는 말을 들을 수도 있
습니다.

만약 아이의 가래나 기침이 2주 정도 지속된다면 반드시 다른 문제는 없는지 병원에서 확인해야 합니다. 단, 기관지염과 폐렴으로 진행되는 것을 막겠다며 감기 초기부터 무턱대고 항생제나 해열제를 계속 먹이는 것은 별 소용이 없습니다. 감기라는 질병을 잘못 대처하면 면역력으로 이겨낼 수 있는 다른 질환까지 더 자주, 더 힘들게 앓게 될 수 있으니까요.

아이가 기관지염이나 폐렴에 자주 걸린다면 가족력에 천식이 없는지 확인해 보세요. 가족력이 있는 경우 아이 역시 잦은 호흡기 질환으로 소아 천식이 발병할 가능성이 높습니다.

감기에 걸렸을 때도 기관지염이나 폐렴을 염려해 과잉 대처를 하기보다 감기를 충분히 앓을 수 있도록 물을 충분히 먹이면서 편안히 휴식을 취하게 하는 게 좋습니다. 평소 배와 꿀, 도라지를 섞어 즙을 내서 자주 먹이면 폐의 열이 감소하고, 부족한 영양과 체력을 보충해 면역력을 키우는 데 도움이 됩니다.

폐의 열을 가라앉히는 배꿀도라지즙

준비물
냄비, 중간 크기의 배 1개, 도라지 1뿌리, 꿀 2작은술

① 배는 깨끗이 씻어 윗부분을 자른 다음 속을 파낸다.

② 도라지는 껍질을 벗기고 잘게 썬다.

③ 속을 파낸 배에 도라지와 꿀을 넣는다.

④ 냄비에 물을 3분의 1 정도 채우고 배를 넣는다. 이때 앞서 잘라둔 배의 윗부분을 뚜껑처럼 덮는다.

⑤ 약불에서 2시간가량 중탕한다.

⑥ 꺼내어 배 속을 티스푼으로 떠서 먹는다.

※ 꿀은 생후 12개월 이후에 먹을 수 있다. 아이가 첫돌 전이라면 꿀 대신 올리고당을 넣는다.

감기에 자주 걸리는 우리 아이, 무슨 체질일까?

아이가 감기에 걸리면 발열, 콧물, 기침, 인후통 등 여러 증상이 함께 나타납니다. 그리고 증상은 아이마다 제각각으로 몸속 오장육부 기운의 강함과 허약함에 따라 증상의 가볍고 심한 정도가 달라집니다. 아이마다 넘치는 기운이 있고 부족한 기운이 있으며, 이 기운의 균형이 깨지면 감기를 비롯해 각종 질환에 시달리게 되는 것이지요. 따라서 어떤 병이든 치료를 위해서는 몸속 기운의 균형을 잘 잡아주는 일이 우선입니다.

한의학에서는 감기에 잘 걸리는 아이들의 체질 유형을 크게 5가지로 분류합니다. 이 유형들은 아이의 불균형한 기운이 무엇인지 알려주는 기준입니다. 평소 아이가 감기에 자주 걸리는 편이라면 다음 유형 중 어디에 속하는지를 살펴보세요. 내 아이에게 알맞은 감기 예방법, 치료법을 찾을 수 있습니다.

체질에 따라 감기를 치료하는 것은 중요합니다. 겉으로 보기에 감기 증상이나 진행 양상이 비슷하다고 해도 체질에 맞게 치료를 해야 아이의 면역력을 올바르게 키울 수 있습니다. 특히 소화기와 호흡기가 약한 아이는 증상이 같아도 치료법은 다릅니다. 두 유형은 다른 유형에 비해 감기에 걸릴 확률도 더 높으므로, 만약 아이가 자주 감기에 걸린다면 아이의 체질 유형을 제대로 파악해 두는 것이 좋습니다.

1. 비계脾系 허약아: 소화기가 약한 아이

감기에 잘 걸리는 아이들 중 가장 많은 유형이 비계, 즉 소화기가 약한 아이이다. 소화기 계통의 기운이 허약하고 기능이 떨어지기 때문에 평소 식욕 부진과 편식 증상을 보인다. 오심가슴 속이 불쾌하고 울렁거리며 신물이 올라오는 증상, 구토, 복통도 잦고, 잘 체하며 구취가 심한 편이다.

또한 설사나 변비 등 대변의 이상이 많고 손발이 차다. 전신의 피부가 매끄럽지 못하고 안색은 황백색에 윤기가 없다. 피로하거나 무기력해 보인다. 체형도 수척한 편인데 부모가 봤을 때는 아이가 잘 먹지 않고 체중도 늘지 않아 비쩍 마른 것처럼 여겨진다.

소화기가 약한 아이는 먹는 음식부터 신경을 써야 한다. 소화를 돕는 음식을 먹어야 소화 기능이 원활해지고 소화기 또한 튼튼해진다. 소화기가 튼튼해져 비계 기운이 강해지면 감기에도 덜 걸린다. 아이가 선천적으로 기운이 없고, 자주 나른함을 느끼고, 늘어져 있으므로 잘 먹여서라도 기운을 보강해야 한다. 평소 따뜻한 물이나 생강차를 먹여 속을 따뜻하게 하고, 소화기와 같은 비 기능계인 팔다리의 운동을 자주 시켜 소화기를 튼튼하게 한다.

그리고 무엇보다 '식사 시간이 즐겁다'라는 생각을 갖게 해주어야 한다. 소화기가 약한 아이는 선천적으로 잘 안 먹기 때문에 식사 시간에 대한 즐거운 생각을 가져야 음식에 대한 거부감도 줄어든다. 식사 중에 잔잔한 음악을 틀어주거나 온 가족이 식탁에 함께 앉아 재미있는 대화를 많이 하고, 식탁 주변은 밝고 따뜻한 조명을 두는 것이 좋다. 음식 만드는 방법을 다양하게 하거나 재료의 색을 다양하게 해 아이의 입맛을 돋우는 것도 좋다.

주요 특징

- 식사량이 적다
- 뛰어놀면 쉽게 지친다
- 배가 아프다는 소리를 자주 한다
- 잘 먹어도 살이 안 찐다
- 설사를 잘한다

2. 폐계肺系 허약아: 호흡기가 약한 아이

소화기 다음으로 많은 비율을 차지하는 유형이다. 주로 잦은 감기와 호흡기 질환에 시달린다. 쉽게 열이 나고 기침도 자주 하는데 특히 밤과 새벽에 심하다. 알레르기 비염으로 고생하기도 한다. 맑은 콧물을 흘리거나 코 막힘과 재채기가 잦다. 이런 아이는 온도 변화에 매우 민감하게 반응한다. 추위를 잘 느끼고, 찬 음식을 먹으면 기침을 하는 등 환경에 대한 적응력이 몹시 약하다.

호흡기가 약한 아이는 감기 예방과 치료를 위해 폐에 윤기를 북돋아야 한다. 한의학에서는 피부와 폐가 같은 폐 기능계로 서로 영향을 준다고 본다. 평소 피부 보습만 잘 해도 폐를 윤기 있게 만드는 데 도움이 되는 것이다. 아이를 목욕시킨 후 로션을 듬뿍 발라 마사지를 해주는 것만으로도 아이의 감기를 예방하는데 효과적이다. 피부가 연약한 만큼 평소 일광욕, 해수욕, 건포마찰_{피부를 튼튼하게 하고 혈액 순환이 잘 되도록 마른 수건으로 온몸을 문지르는 일} 등으로 피부를 단련하는 것이 좋다.

코나 입에 직접 따뜻한 김을 쐬어준다. 평소 끓인 찻물로 김을 자주 쐬어주면 감기 예방에 도움이 된다. 무더운 여름철 대추혈, 폐수혈, 전중혈에 삼복첩(한약재) 패치를 붙여 양기를 돋우면 겨울철 감기를 예방할 수 있다.

주요 특징

- 감기를 달고 산다
- 피부가 건조하거나 약하다
- 찬 것만 먹어도 기침을 한다

- 감기에 걸리면 기침이 오래간다
- 창문을 열면 재채기부터 한다

3. 심계心系 허약아: 순환기 및 정신신경계가 약한 아이

자주 놀라고 무서움을 잘 느끼며 불안, 초조, 수면 장애, 악몽, 몽유병 등의 증상을 보이기도 한다. 신경이 몹시 예민하고 매사에 신경질이 많은 편이다. 소변도 자주 본다. 영유아기에는 밤에 꼭 한두 차례 갑자기 깨어 울다가 잠이 드는 일이 많다. 잘 놀래고 경기驚氣도 한다.

초등학생 시기인 학령기에는 비교적 총명하지만 지구력이 떨어지고, 주의가 산만하거나 신경질적인 성격 때문에 친구들과의 관계가 원만하지 못할 수 있다. 만약 심장 자체의 기질적 장애가 있다면 안색이 창백하고 다소 푸른빛을 띠며, 손끝과 발끝이 굵고 짧다. 가슴의 두근거림, 부정맥, 빈맥 등 맥이 고르지 못한 증세가 나타나기도 한다. 잘 먹지 않으며 체중이 늘지 않아 수척해 보이고 감기에 잘 걸린다.

이 유형의 아이는 늘 심리 상태를 안정시키는 것이 중요하다. 아이가 건강하기 위해서는 몸의 기운이 균형 잡혀야 하는데 심리 상태가 불안정하면 기운도 불균형해져 쉽게 질병에 걸릴 수 있다. 갑자기 아이를 놀라게 하면 안 된다. 아이에게 차분하게 움직이는 법을 알려주고 부모가 다정한 양육 태도로 가정의 분위기를 화목하게 만들도록 한다.

주요 특징

- 한밤에 깨어 자지러지게 운다
- 무서운 것을 보면 심하게 놀란다
- 소변을 자주 본다
- 산만하다는 소리를 잘 듣는다
- 자기 뜻대로 안 되면 짜증을 낸다

4. 간계肝系 허약아: 간 기능 및 대사기계가 약한 아이

간은 혈血과 근筋을 주관하기 때문에 간 기능 및 대사기계가 약하면 혈분이나 원기가 쇠약한 혈허血虛 증상이 나타날 수 있다. 피부가 누렇게 뜬 것처럼 보이고 자주 어지러워하며 자주 코피를 흘린다. "피곤해"라는 말을 입에 달고 살기도 한다. 또 살이 무른 편이며, 부분적으로 쥐가 잘 나는 등 근육과 관련된 증상도 잦다. 잘 먹지 않아 식은땀도 많이 흘리며 손발톱의 발육 상태가 나쁘다. 눈에 감염이 잘 일어나고 시력도 약한 편이다.

고른 영양 섭취와 함께 적당한 운동으로 근육을 포함한 신체 전반의 기능을 북돋아야 한다. 과도한 운동은 오히려 역효과가 날 수 있다. 아이가 좋아할 만한 신체 활동이나 운동 종목을 정해 규칙적으로 하는 것이 좋다. 목욕을 자주 해 혈액 순환을 돕는다.

주요 특징

- 안색이 창백하거나 누렇다
- 손발톱이 약하고 잘 벗겨진다
- 놀다가 자주 어지러워한다
- 자주 피곤하다고 말한다
- 자다가 쥐가 잘 난다

5. 신계腎系 허약아: 비뇨생식기 및 골격계가 약한 아이

신계는 신장, 방광과 함께 생식기까지 아우른다. 만약 신계가 약하다고 하면 소변의 이상, 배뇨 곤란, 생식기의 발육 부전 그리고 정기精氣가 부족한 상태를 말한다. 여자아이의 경우 손발이 차고 생식기 관련 질환이 나타나기도 한다.

이 유형은 신경도 예민해 아침에 잠자리에서 일어나면 눈 주위가 자주 붓고 안색도 창백하다. 골격이 약하고 손발이 차며 밤이면 다리(무릎 아래)나 팔이 아프다고 호소하는 경우가 많다. 부모가 자주 팔다리를 주물러주면 시원해하면서 그제야 잠이 든다. 치아나 모발의 발육 상태도 좋지 않다. 머리카락이 가늘고, 힘이 없고, 윤기가 없고, 숱이 적은 편이다.

선천적으로 가지고 태어난 힘이 적기 때문에 평소 생활 전반에 건강한 습관을 만들어야 한다. 적당한 운동과 소화가 잘 되는 음식을 골고루 섭취하고, 몸을 차게 하지 않도록 주의한다. 지속적으로 한약을 복용하는 것도 도움이 된다.

주요 특징

- 남아의 경우 성기가 왜소하다
- 머리카락이 가늘고 힘이 없으며 짙은 흑색이 아니다
- 늘 손발이 차다
- 밤이면 팔다리가 아프다고 한다
- 비뇨기계 질환을 앓은 적이 있다

4장

감기 다 나았다고
안심하지 마라

잦은 감기의 생채기, 비염

01

감기가 불러오는
불청객, 비염

급성 비염, 일명 코감기

감기에 시달리던 아이도 대여섯 살이 되면 웬만큼 건강해집니다. 그동안의 단체 생활과 이런저런 병치레 전력으로 건강이 다져진 것이지요. 감기 앓는 횟수는 이전보다 많이 줄었지만 뒤끝 없이 사라지는 것은 아닙니다. 잦은 감기의 굴레에서 벗어났다고 안도한 순간, 또 다른 복병이 나타납니다.

감기는 면역력이 약한 아이들에게 빈번하게 찾아오는 호흡기 질환인데, 감기에 자주 시달리다 보면 호흡기가 예민해지게 됩니다. 호흡기 점막이 붓고 염증이 생겼을 때 잘 관리해주지 않으면 이후 다른 질환(비염이나 부비동염)이 생기기 쉬워집니다.

비염은 비강 내(콧속, 코 점막)에 염증이 생긴 것으로 대표 증상은 콧물, 재채기, 코막힘 등이 있습니다. 크게 급성 비염과 만성 비염이 있는데, 만성 비염은 다시 알레르기 비염과 비알레르기 비염으로 나눌 수 있습니다. 알레르기 비염에는 집먼지 진드기 같은 알레르기 항원에 의해 일 년 내내 증상이 지속되는 통년성 비염, 꽃가루처럼 계절의 영향을 받는 알레르기 항원에 의해 간헐적으로 증상이 나타나는 계절성 비염이 있습니다. 비알레르기 비염은 감염, 약물, 음식, 호르몬, 기분, 위식도 역류 등 특이적이지 않은 (비특이적) 외부 자극에 의해 증상이 나타납니다.

급성 비염은 우리가 잘 알고 있는 코감기입니다. 콧물, 코막힘 등 코 증상이 주된 감기라고 보면 됩니다. 머리가 어지럽고, 콧물이 많이 나오고, 콧물과 비강 내 점막의 부기 때문에 코로 숨 쉬기 힘들어지는 등 일반 비염과 비슷합니다. 보통 10일에서 3주 이내에 사라지기 때문에 급성 비염 자체는 큰 문제가 되지 않습니다. 아이가 면역력이 좋아지고 비강 구조나 점막 기능이 성숙해지면 만 5세 즈음에는 급성 비염에서 벗어나기도 합니다.

문제는 코 건강 관리나 치료를 소홀히 해 급성 비염이 알레르기 비염으로 넘어가는 것입니다. 집먼지 진드기, 꽃가루 같은 알

세 살 감기, 열 살 비염

레르기 항원의 자극을 받아 코 증상이 심해지면서 본격적으로 알레르기 비염이 이어지는 것이지요. 부모는 알레르기 비염과 이전에 봐왔던 급성 비염의 증상이 비슷하기 때문에 같은 질환이라고 생각하고 치료 타이밍을 놓칠 수 있습니다. 그러다 아이의 비염은 성인까지 지속됩니다.

급성 비염이 알레르기 비염으로 넘어가는 순간, 이 골든 타임이 대략 학령기 전(만 3~6세)입니다. 비염이 만성화되면 계속 코가 막히고 상황에 따라 콧물, 재채기, 눈코 가려움이 나타나기 때문에 공부나 다른 활동을 할 때 집중하기 어렵습니다. 평소 코로 숨쉬기가 어려워 입을 벌린 채 호흡하게 되고, 수면 중에도 코골이, 수면무호흡증 등이 나타나기도 합니다. 지금 아이가 급성 비염과 코감기를 반복적으로 앓고 있다면 알레르기 비염의 예고편일 수 있습니다. 이런 경우 학령기 이전에 아이의 코 점막 기능과 호흡기 면역력 향상에 집중해야 합니다.

무엇보다 중요한 것은 아이의 잦은 코감기, 급성 비염이 알레르기 비염으로 이어지지 않게 하는 일입니다. '세 살 감기'를 무사히 통과했더라도 만 4세 이후 알레르기 비염을 진단받을 수 있는만큼, 꾸준히 코 점막 기능을 회복시키고 호흡기 면역력을 튼튼히 다져주어야 합니다.

NOTE▶ 알레르기 비염과 비알레르기 비염, 어떻게 다를까?

알레르기 비염은 집먼지 진드기, 꽃가루 같은 알레르기 항원, 즉 어떤 특정한 원인 물질에 의해 코에 과민 반응이 일어나는 질환이다. 면역력이 떨어져 우리 몸의 면역 체계가 외부에서 유입된 특정 항원에 과잉 대응하는 것이다. 발작적인 재채기, 콧물, 코막힘 등의 증상이 나타나며, 목과 눈 주위, 코에 가려움증이 생기기도 한다. 코 점막이 하얗게 변하기도 하고 붓기도 한다. 원인 물질을 제거하거나 차단하면 증상이 가라앉기 때문에 치료나 생활 관리에 회피요법을 쓴다. 알레르기 비염 증상이 지속되면 중이염, 부비동염, 인후염 등을 동반할 수 있다.

비알레르기 비염은 일상에서 자주 접하는 온도 변화, 음식 섭취, 짙은 향수나 담배 냄새 등 비특이적 외부 자극에 의해 증상이 나타난다. 대표적으로 혈관운동성 비염을 들 수 있다. 코막힘, 콧물이 주된 증상으로 알레르기 비염에서 보이는 눈코 가려움이나 재채기는 자주 나타나지 않는다. 코맹맹이 소리를 하는 것이 특징이다. 알레르기 비염이 주로 10대 이전 아이에게 나타나는 것과 달리 비알레르기 비염은 주로 성인에게 나타난다. 치료는 원인 자극을 피하는 것이지만, 일상적인 자극 요소들이 많기 때문에 쉽지 않다. 스테로이드제, 항히스타민제, 혈관수축제 등의 약물을 사용한다.

세 살 감기, 열 살 비염

코는 인체 공기청정기이자 가습기

코 건강이 중요한 이유는, 코가 외부의 공기를 흡입해 폐로 운반하는 호흡의 첫 관문이기 때문입니다. 코로 들어온 공기는 비강을 통과해 기도와 인두를 지나 기관지를 거쳐 폐에 도달합니다. 폐의 폐포에서는 외부의 산소와 체내의 이산화탄소를 교환하는 호흡이 이루어집니다. 그리고 호흡기 질환은 주로 코에서 폐까지, 공기가 흐르는 통로에 나타납니다. 코가 어떤 공기를 들이쉬고 어떻게 기능하느냐에 따라 호흡기 건강이 달라지는 것이지요.

'공기의 출입구'인 코는 공기청정기와 같은 기능을 합니다. 우선 코털이 외부의 먼지나 병원균 같은 이물질의 침입을 막아줍니다. 코 점막에서 분비되는 콧물은 콧속에 쌓인 이물질을 씻어 내 밖으로 배출하고 코 점막을 촉촉하게 유지합니다. 우리 몸에 해로운 이물질을 최대한 걸러내면서 외부의 공기를 몸속으로 유입시키지요. 만약 우리 코가 제대로 공기청정기의 역할을 해내지 못한다면 먼지, 곰팡이 포자, 꽃가루, 각종 병원균이 기도를 거쳐 기관지나 폐까지 침입해 염증을 일으킬 수 있습니다.

코의 또 다른 기능은 가온, 가습입니다. 코로 들어온 차가운 공기는 비강을 통과하면서 빠른 속도로 데워집니다. 겨울철 아무리

심한 한파에도 코로 들어온 차가운 공기는 순식간에 온도 30℃, 습도 90% 정도로 조절되어 체내로 유입됩니다. 지나치게 차갑고 건조한 공기를 따뜻하고 습하게 함으로써 기도와 기관지를 보호하는 것입니다.

만약 코가 공기청정기이자 가습기의 역할을 하지 못하면 어떻게 될까요? 우리 호흡기는 감염이 더 쉬운 상태가 되고, 더 많은 병원균에 노출됩니다. 사소한 자극(찬 공기, 꽃가루 등)에도 코 점막이 지나치게 과민 반응을 해 콧물, 재채기, 코막힘 같은 증상이 나타나게 됩니다. 호흡기 질환 예방에 있어 코 상태를 잘 살펴야 하는 이유, 바로 코가 맡은 기능이 그만큼 중요하기 때문입니다.

아기에게도 비염이 있을까?

비염은 학교생활을 방해하고 성장에 악영향을 미칠 정도로 그 위력이 만만치 않습니다. 아이가 비염 때문에 수업 중 산만한 태도를 보이고 집중력이 떨어진다면, 또 잠잘 때 코를 골고 늘 "힘들어", "졸려", "피곤해" 소리를 한다면 비염의 조짐이 유아기 때부터 있었을 수 있습니다.

가끔 진료실에 첫돌 정도 된 아이를 안고 "우리 아이가 비염 같아요" 하며 들어오는 부모들이 있습니다. 자신이 알레르기 비염을 앓고 있기 때문에 아기가 콧물을 줄줄 흘리면 아기도 혹시 알레르기 비염이 아닐까 걱정되어 찾아온 것이지요.

결론부터 말하면 아직 알레르기 비염은 아닙니다. 알레르기 비염은 알레르기 반응을 유발하는 항원(알레르젠)에 몇 차례 노출이 되고, 이것이 체내에서 감작感作, 항원이 유입되면 우리 몸의 면역 체계가 항체를 생산하는 일을 일으킨 후에 발병합니다. 이 항체가 항원에 잘 대항할지 대항하지 못할지를 결정하고, 잘 대항하지 못할 경우 과민 반응의 하나로 알레르기 비염이 나타납니다. 하지만 이 과정이 생후 1년 안에 일어나기는 어렵습니다.

따라서 영아기의 콧물, 코막힘은 알레르기 비염이 아니라 단순 감기로, 코 구조나 점막 기능이 미숙해 생리적 보호 반응이 과도하게 나타난 것입니다. 만 0~2세 아기의 콧속에는 코의 방패 혹은 뚜껑 역할을 하는 비갑개가 있는데, 갑자기 찬 공기, 더운 공기, 먼지, 각종 이물질 등이 코를 통해 들어오면 이 비갑개가 부어오릅니다. 그리고 이물질이나 노폐물을 씻어내기 위해 점액, 즉 콧물을 줄줄 흘립니다.

아직 폐가 미숙하고 호흡기가 허약한 아기들은 콧속을 보면 기본적으로 비갑개가 살짝 부어 있고 평소에도 콧물이 많은 편입니다. 언제든 외부에 이물질이나 노폐물로부터 방어할 준비를 하고 있는 것이지요.

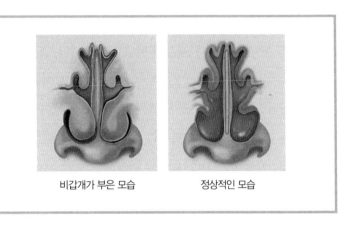

비갑개가 부은 모습   정상적인 모습

✚ 만 0~2세 비강 구조

감기가 오면 콧물이 더 많아지고 비갑개도 좀 더 부어오릅니다. 아기에게는 매우 답답한 상황이고 부모 눈에도 여느 감기 같지 않아 보이지요. 그리고 이런 증상이 2주 가까이 지속되고, 약을 먹였을 때만 증상이 가라앉으면 누구나 쉽게 비염 진단을 내릴 수 있습니다. 일명 코감기인 급성 비염으로 보는 경우가 흔합니다. 임상적으로 틀린 진단은 아니지만, 이는 성급한 처방을 불러올 수 있습니다.

앞서 말했듯이 만 0~2세 아기의 비강 구조나 점막 기능에서 흔하게 나타날 수 있는 증상인데, 급성 비염 진단을 하면 항히스타민제, 항생제 등 각종 약물을 포함한 과잉 치료를 불러오기 때문입니다. 그래서 만 2세 미만 아기의 비염 증상은 부모가 여유 있는 태도로 바라보는 것이 필요합니다.

아이는 호흡기가 미숙한 만큼 비강 내 구조나 코 점막 기능도 덜 완성되어 있습니다. 아기마다 발달 차이도 있기에 우리 아이가 또래 아이들에 비해 콧물이 조금 많을 수 있고, 비갑개가 잘 부을 수도 있지요. 아이가 힘들어하지 않는다면 굳이 콧물, 코막힘 때문에 항히스타민제나 항생제를 쓸 필요는 없습니다. 대신 감기 횟수를 줄이기 위해 아이의 호흡기에 적합한 생활 환경을 조성하고 면역력 증진에 힘써야 합니다.

생활 환경에 있어서는 실내 온습도 조절이 중요합니다. 코 구조나 기능이 아직 미성숙하므로, 외부 공기가 코를 통해 유입될 때 자극이 덜 받도록 도와주어야 합니다. 아이 방 습도는 50% 내외, 온도는 약간 선선해야 좋습니다. 봄가을에는 실내와 실외의 온도 차이가 5℃ 안팎이 이상적이며, 여름에는 24~26℃, 겨울에는 18~22℃가 적당합니다. 특히 겨울철에는 창틈, 문틈으로 찬기가 흘러 들어오지 않도록 조심해야 합니다.

비염은 언제 발생할까?

비염은 만 3~5세에 본격화됩니다. 편도, 아데노이드가 커지면서 감기와 비염이 부비동염으로 쉽게 이어지기도 하지요. 이 시기는 콧속 구조가 어른들의 완성형과 조금 다르지만 부비동이 급격히 발달하고, 코 점막 기능과 면역 체계는 성인 수준의 50% 정도에 이릅니다.

스스로 후천 면역을 쌓을 수 있지만, 단체 생활 시작과 함께 이미 잦은 감기와 잔병치레를 겪으며 제법 '비염다운' 증세를 보이는 아이들도 많습니다. 아침이면 재채기부터 시작하는 아이, 맑은 콧물만 훌쩍이는 아이, 코막힘 때문에 입으로 숨 쉬는 아이 등 유형도 다양합니다.

그리고 만 4세 이후에는 집먼지진드기, 꽃가루, 곰팡이, 반려동물의 털, 비듬, 바퀴벌레와 같은 해충 부스러기 등의 항원에 갑자기 반응할 수 있으며, 기존에 앓고 있던 아토피 피부염이나 천식 등이 알레르기 비염으로 이어질 수 있습니다. 알레르기 비염 진단이 가능해지며, 증상이 나타나면 알레르기 비염으로 의심하고 알레르기 검사를 통해 확진할 수 있습니다.

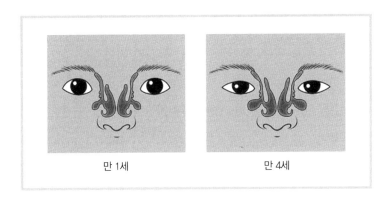

|만 1세|만 4세|

✛ 만 1세·4세의 부비동 비교

초등학교에 입학할 즈음이 되면 아이의 코 점막 기능과 면역체계도 성인의 75% 수준으로 발달하지만 아직 부비동의 크기가 작고 코 점막의 기능이 미숙하며, 면역력도 충분히 발달하지 않은 상태입니다. 이런 구조적, 면역학적인 이유로 초등학교에 들어가면 감기 앓는 횟수는 이전보다 확연히 줄어들지만 알레르기 비염이나 비알레르기 비염이 늘어납니다. 부비동염으로 진행되는 경우도 상당하지요.

건강보험심사평가원에서 발표한 2017년 자료에 따르면 9세 이하 아동의 38.4%가 '혈관운동성 및 알레르기 비염'으로 진료를 받았습니다. 이 시기 비염이 만성화된 채로 치료 시기를 놓치면 만성 부비동염이나 성인 비염으로 굳어지기 때문에 비염 치료에 더 세심하고 꼼꼼해야 합니다.

아이는 계절 변화, 항원에 영향을 받으며 비염 증상기와 완해기를 반복적으로 겪습니다. 증상기일 때는 증상 완화에 힘쓰고, 완해기일 때는 콧속 환경을 안정화시키고 면역력을 증진하는 데 힘써야 합니다. 생활 관리도 꾸준히 이루어져야 합니다. 비염이라는 고질병 하나가 한창 발달하는 아이의 호흡기 성장을 방해할 수 있는 만큼 적극적인 대처가 필요합니다.

02

비염 치료,
2차 성징이 오기 전 끝내야 한다

삶의 질을 떨어뜨리는 비염 증상들

이른 아침, 잠도 깨고 환기도 할 겸 창문을 열었다. 얼마 후 터지기 시작하는 콧물과 재채기. 밥을 먹다가도, 옷을 입다가도 연신 코를 훌쩍이고 재채기를 하느라 바빴다. 밥 한 숟가락 먹고 코 닦고, 어느새 코 가장자리가 빨개졌다.

학교에 가기 위해 밖으로 나섰다가 다시 재채기가 터졌다. 미세먼지 때문이었다. 엄마가 가방 안에 넣어준 미세먼지용 마스크가 생각났지만 꺼내 쓰기 귀찮았다.

2교시 수업. 춘곤증, 식곤증도 아닌데 솔솔 졸음이 왔다. 잠을 자도 계속 피곤하고 멍했다. 선생님 목소리가 자장가처럼 들렸다. 그 와중에도 맑은 콧물이 흘러 콧물이 떨어지기 전에 얼른 훌쩍 들이마셨다. 4교시 수업은 미술이었다. 색종이를 오리고 있는데 자꾸 콧물이 나왔다. 훌쩍거리다가 가위를 놓고 코를 풀었다. 한 번 풀었더니 계속 콧물이 났다. 다른 아이들보다 가위질이 더 디더져 혼자 쉬는 시간까지 마무리했다.

수업이 끝나고 집에 가는 길. 갑자기 아이스크림이 먹고 싶어졌다. 편의점 냉동고 문을 열어젖히는 순간 또 재채기와 콧물이 났다. 계속 코를 풀었더니 코 밑이 더 빨개졌다. 좀 아팠다.

엄마가 가스레인지를 켜고 소시지 볶음을 하는 중에도 계속 재채기와 콧물이 났다. 저녁 식사 전까지 학습지를 다 풀어야 하는데 머리도 아프고 콧물을 닦아내느라 10분도 집중하기 힘들었다.

자려고 누웠더니 기침이 끊이질 않았다. 목에 가래가 있는 것 같았다. 잠이 들려고 하면 기침 때문에 자꾸 잠이 깼다…….

아침에 눈을 뜬 순간부터 잠을 자는 중에도 비염 증상은 아이의 하루를 지배합니다. 증상을 유발하는 자극 요소를 접하게 되면 콧물과 재채기가 시작되고, 곧 코 점막이 부어오르면서 코막

세 살 감기, 열 살 비염

힘도 시작되지요. 사람들 앞에서 늘 코를 훌쩍이거나 코가 막혀 킁킁거리는 모습, 손이 코로 가고 휴지로 코를 푸는 모습 등을 자주 보여주게 됩니다. 자꾸 콧물이 신경 쓰이고 코막힘도 있으니 당연히 수업에도 집중하기 힘듭니다. 산만한 아이나 다소 멍한 표정의 아이로 비춰질 수밖에 없습니다. 비염이나 부비동염이 있으면서 비만한 아이, 편도나 아데노이드가 비대한 아이는 잘 때 코골이가 심하게 나타나기도 합니다.

비염 증상이 생명에 위협을 가할 정도로 치명적이지는 아니지만 증상이 심해질수록 아이의 성장, 학습, 외모, 수면 질, 대인관계 등 생활 전반에서 삶의 질을 떨어뜨릴 만한 영향력을 발휘합니다. 열심히 공부하고 키를 키워야 할 나이, 비염에 아이의 인생이 발목 잡히지 않도록 해야 합니다.

산만한 아이, ADHD가 아닐 수도

아이를 산만하게 만드는 건 ADHD뿐만이 아닙니다. 비염을 앓는 아이 중 상당수는 집중에 어려움을 겪고 산만해 보이는 경향이 있습니다.

비염이 심한 어린아이나 청소년들이 산만하다는 소리를 듣는

데는 다 그만한 이유가 있습니다. 콧물, 재채기, 코막힘 등으로 하루 종일 짜증스러운 상황에 맞닥뜨리기 때문이지요. 두통, 발열, 짜증, 후각 장애 등의 부수 증상이 나타나면서 집중력도 떨어집니다.

왜 그럴까요? 사람의 후각 기능은 단기 기억을 관장하는 해마를 자극하는데, 코가 막히면 해마를 자극하지 못하기 때문에 기억력이 떨어지게 됩니다. 또 코로 호흡이 어려워 뇌에 산소 공급이 원활하지 못하고, 기억력과 집중력 저하가 일어납니다. 당연히 항상 머리가 무겁고 책을 보면 멍해져 공부에 집중하기가 쉽지 않습니다. 공부를 곧잘 하던 아이가 학년이 올라갈수록 성적이 떨어지고 학습에 집중하지 못한다면 두통이나 콧물, 코막힘 등의 비염 증상은 없는지 점검해볼 필요가 있습니다.

비염이 틱Tic 증상으로 나타나기도 합니다. 코가 불편하니 자꾸 씰룩거리고, 코를 비비고, 훌쩍거리는 등의 행동을 보이거나 '큼큼', '킁킁', '크흡' 등 코나 가래를 삼키는 소리를 내기도 합니다. 아이는 자신의 불편한 증상을 해결하기 위해 무의식적으로 반복하는데, 부모나 다른 사람들 눈에는 상당히 거슬릴 수밖에 없습니다. 만약 아이가 비염 때문에 틱 증상이 발현된 것이라면 비염 치료를 해주는 것만으로도 습관이 사라질 수 있습니다.

결국 부모는 공부 중 산만한 태도와 거슬리는 습관 때문에 아이를 야단치게 됩니다. 이런 상황이 학습 부진으로 이어지면 아이는 부모의 기대를 충족시키지 못한다는 자책감과 스트레스로 엉뚱한 행동을 보일 수 있습니다. 만약 아이가 사춘기 진입을 앞두고 있다면 학교나 부모에게 반감을 갖고 반항, 일탈, 폭력적인 행동을 하거나 반대로 우울감에 빠져 지극히 소심해지고 자기 비하를 하게 될지도 모릅니다.

아이의 학습 능력은 두뇌 능력과 정서적인 부분이 좌우하지만, 때로는 아이의 오래된 비염이 학습 부진을 초래할 수 있다는 사실을 간과해서는 안 됩니다. 아이의 행동에는 반드시 원인이 있다는 것을 기억하고, 부모가 올바른 치료법으로 원인 질환을 해결할 수 있도록 이끌어야 합니다.

아데노이드형 얼굴을 아시나요?

비염, 부비동염으로 인해 코막힘이 심한 아이는 코로 숨 쉬는 비강 호흡이 어려워 입을 벌리고 구강 호흡을 합니다. 늘 입을 벌린 채 숨을 쉬다 보니 시간이 지날수록 치아 교합이 바뀌고 얼굴형 또한 변하게 됩니다. 이처럼 얼굴 뼈가 지속적으로 성장하는 시기에 입을 벌리고 자면 위턱은 앞으로 튀어나오고, 아래턱은

목 쪽으로 젖혀지는 '아데노이드형 얼굴'로 변하는 것이지요. 한창 외모에 신경 쓰는 10대 아이들은 이런 외모 때문에 성격이 내성적으로 변하거나 대인 관계에 어려움을 겪기도 합니다.

비염이 심한 아이들은 코가 막히고 콧속이 간지럽기 때문에 다른 아이들에 비해 유난히 코를 후빕니다. 코를 많이 후비면 콧구멍이 커지고 코도 약간 들릴 수 있습니다. 또 습관적으로 코를 후비면 코 앞쪽 점막의 혈관이 모여 있는 부위(키셀바흐)의 실핏줄이 터져 코피가 자주 날 수도 있습니다.

비염이 있는 아이들은 코 점막이 부어 공기의 통로가 좁아지게 됩니다. 비염이 있으면서 비만한 아이, 편도나 아데노이드가 비대한 아이의 경우, 공기가 코에서 폐로 가면서 좁은 통로를 통과할 때 코골이가 발생합니다. 심할 경우 공기가 통과하기 어려워지면 수면무호흡증이 일어나기도 하지요. 자는 동안 체내 산소 유입이 원활하지 않으면 수면 시간이 길어도 충분한 휴식을 취했다고 할 수 없습니다. 아이가 유독 아침에 일어나기 힘들어하고, 낮에도 졸립고 피곤하다고 말할 만큼 늘 피로감에 시달린다면 아이의 수면 상태를 점검해보아야 합니다.

숙면을 취하기 어려우면 성장호르몬 분비도 방해를 받습니다. 성장호르몬은 깊은 잠에 빠지는 2시간 무렵부터 분비가 원활해지는데, 수면의 질이 떨어지면 성장 호르몬 분비가 원활하지 않아 성장 부진으로 이어집니다.

비염과 작별해야 할 타이밍

비염의 적절한 치료 시기를 꼽자면 1차로는 초등학교 입학 이전인 만 6세 전, 2차로는 만 10세 무렵입니다.

아이들의 호흡기는 만 6~7세까지 빠르게 성장, 발달하여 만 10세가 넘어가면 거의 성인과 비슷한 수준이 됩니다. 이 말은 다시 말해 만 10세 이후에는 비강의 구조적인 면에서 성인 비염의 수순을 밟게 된다는 의미입니다. 성인 비염으로 진입하게 된 비염은 만성적인 단계로 접어들어 평생 고질병으로 아이를 따라다닐지 모릅니다.

특히 만 10세 시기는 아이의 성장 발달에서 중요한 터닝 포인트입니다. 아이는 성장하면서 두 번의 성장급진기를 갖습니다. 1차 성장급진기는 태어나서 생후 30개월까지로, 1년에 12~25cm의 폭발적인 성장을 보이지요. 2차 성장급진기는 사춘기의 조짐, 즉 2차 성징이 나타나면서 시작됩니다. 여자아이는 만 11~12세, 남자아이는 만 12~13세 무렵입니다. 아이의 '만 10세'는 바로 2차 성징이 발현되기 직전으로, 2차 성장급진기를 위해 '몸 만들기'를 해야 할 시기입니다.

비염은 아이의 성장에 큰 영향력을 미치는 질환입니다. 비염 때문에 수면의 질이 떨어지고, 입맛을 잃어 영양이 불균형해지고, 알레르기 항원이 유행할 때마다 병치레를 합니다. 당연히 성장호르몬 분비와 성장에 필요한 기본 에너지가 부족하게 되지요. 2차 성장급진기가 왔을 때 아이의 성장 잠재력이 바닥나 부모에게서 물려받은 키만큼 성장하는 것도 어려워질지 모릅니다.

그래서 아무리 늦어도 만 10세까지는 비염 치료를 마무리하고 향후 1~2년간 성장을 위한 기본 체력과 영양, 정기를 쌓아야 합니다. 그래야 2차 성장급진기 때 성장 에너지를 마음껏 발산하고 키를 쑥쑥 키울 수 있습니다.

학습량이나 난이도에 있어서도 만 10세는 결정적인 시기입니다. 초등 4학년이 되면 초등학교에서는 하루 수업이 6교시로 늘어납니다. 초등 3, 4학년을 전후로 저학년과 고학년이 나뉘는 이유는 아이의 발달 단계에 맞춰 수업량과 난이도가 달라지기 때문입니다. 아이가 고학년이 되어 공부에 집중하고 학습 능률을 올리려면 비염 치료가 선행되어야 합니다.

비염 치료, 한약과 침이 효과적이다

성인 알레르기 비염 환자나 비알레르기 비염 환자들은 항히스타민제 약물을 습관적으로 복용합니다. 재채기나 콧물, 코막힘 때문에 일상생활이 불편하고 다른 사람들에게도 불쾌감을 줄 수 있기 때문이지요.

항히스타민제는 두드러기, 발진, 가려움증 등 알레르기 반응에 관여하는 히스타민 작용을 억제하는 약물입니다. 알레르기 비염, 결막염, 두드러기 같은 알레르기 질환과 코감기에 의한 콧물, 재채기, 불면, 어지러움, 구토, 멀미 등의 증상에 다양하게 쓰입니다. 대표적인 부작용으로는 졸음, 진정, 피로감, 기억력 감퇴, 집중력 저하 등 중추신경계 부작용을 꼽을 수 있습니다. 이는 권장 용량을 복용해도 흔하게 나타날 수 있으며 작은 체구, 여성, 노인, 간과 신장 기능 저하, 중추신경계 이상이 있는 경우 더 조심해야 하지요.

1세대에 이은 2세대, 3세대 항히스타민제의 부작용이 다소 완화되었다고는 하지만 여전히 용량과 투여 간격, 복용 후 생활 관리에도 엄격한 주의가 필요합니다. 만약 비염을 앓는 사람들이 항히스타민제를 끊으면 어떻게 관리해야 할지, 그리고 그 방법들이 어떤 효과가 있을지 걱정스럽습니다.

한의학에서는 증상 완화와 원인 치료, 두 가지 방향에서 치료 목표를 두고 비염을 관리합니다. 아이에게 비염이 있을 때 증상이 심하면 우선 증상을 가라앉히는 치료를 합니다. 증상이 약해지면 코 점막을 안정화시키고 호흡기 면역력을 보강하는 치료를 합니다. 평소 코 건강을 위한 생활 수칙도 꾸준히 실천하도록 합니다. 알레르기 비염이든 비알레르기 비염이든 최대한 증상이 덜 나타나게 관리해야 코 점막을 치료할 시간도, 호흡기 면역력을 보강할 기회도 생기기 때문입니다.

한의원에서는 비내시경을 통해 아이의 비강 상태와 발달을 파악하고 한약, 침, 뜸 등 기본 한방 치료와 함께 세정, 향기 아로마 요법, 비강 레이저, 적외선(양명경) 등의 호흡기 치료를 병행합니다. 비염에 한약, 침 등의 치료 효과는 여러 논문을 통해 입증되었기 때문에 안심하고 소아 비염 치료에 적용할 수 있습니다.

알레르기 비염에 가장 많이 처방되는 '형개연교탕'은 형개, 연교, 당귀, 시호, 백지 등의 한약재로 구성된 한약입니다. 항염증, 항알레르기 작용이 있어 비염, 부비동염, 여드름 등에 다양하게 쓰이고 있습니다. 지난 2016년 10월, 강동경희대학교한방병원 연구팀은 〈알레르기 비염과 비알레르기 비염에 대한 형개연교탕 치료의 임상연구〉 논문을 통해 형개연교탕이 비염 증상 개선에 효과 있음을 발표했습니다. 그간 동물 실험을 통해 여러 차례 입증

된 약효를 실제 환자가 복용한 임상 결과를 토대로 증명해낸 것입니다. 연구팀은 만성 비염 환자 40명을 대상으로 알레르기군과 비알레르기군으로 나눠 총 4주간 형개연교탕을 복약하게 했고 총 8주 동안 추적 관찰했습니다. 그동안 비염 증상에 영향을 줄 수 있는 다른 약물은 모두 금지했습니다. 그 결과 두 그룹 모두 복약 이후 비염 증상이 완화되었고 복약 종료 이후 8주까지도 그 효과가 지속되었습니다. 또 코막힘, 콧물, 코 가려움, 재채기 등의 증상도 나아졌고, 약의 간독성이나 이상 반응은 나타나지 않았습니다.

함소아한의원 의료진이 실시한 부비동염 한약 치료 효과 연구 결과도 눈여겨볼 만합니다. 연구 논문에서 "가미형개연교탕과 가미청금강화탕의 한약, 뜸, 향기 아로마요법, 아로마 비강분무기로 부비동염 환아를 치료한 결과 증상이 호전되었다"고 밝혔습니다. 이 논문은 〈한방안이비인후피부과학회지〉 제29권 2호에 소개되었습니다. 항히스타민제, 항생제 등 비염과 부비동염 등에 쓰이는 약물이 걱정된다면 한방 치료는 좋은 해결책이 될 수 있습니다.

소아 비염 이렇게 관리하자!

비염을 치료할 때 가장 주의해야 할 것은 감기입니다. 감기에 걸리면 코 점막이 예민해지면서 콧물이나 코막힘 등이 더 심해질 수 있기 때문입니다. 늘 감기 예방을 위해 손 씻기, 양치질하기, 마스크 착용하기 등의 개인위생 수칙을 잘 지키고, 고른 영양 섭취에 힘써야 합니다. 아이가 체력적으로 무리해 피로가 쌓이지 않도록 잘 재워야 합니다.

코를 따뜻하게 해주는 것도 중요합니다. 아이 코를 뚫리게 한다면서 찬바람을 쐬어 주는 경우도 있는데, 일시적으로 코를 시원하게 할 수 있지만 오히려 코 점막이 과민해져 증상이 심해집니다. 갑자기 찬바람을 쐬면 코 점막이 수축하면서 혈류를 차단하게 되고, 코 점막이 외부의 기온에 정상적으로 작용하지 못하며 과민 반응이 일어나기 쉽습니다. 아이가 잠자리에서 일어나면 바로 찬바람을 맞히지 말고 30분 정도는 실내에서 적응하게 합니다. 추운 날 외출할 때는 나가기 전 먼저 창문을 열어 외부의 온도에 충분히 적응할 수 있도록 준비시키는 것도 좋습니다. 자는 동안 찬 벽에 붙어 있지 않도록 이불이나 매트 등으로 막아 줍니다.

코를 따뜻하게 하면 혈액 순환에도 도움이 되어 노폐물이 빠지면서 코가 뚫립니다. 따뜻한 찻김을 쐬면 좋은 이유입니다. 아이가 코가 막혀 힘들어하면 코 흡입기로 코를 빼주기도 하는데, 일시적인 효과는 있지만 근본적인 대책은 될 수 없습니다. 자칫 잘못 빨아들이면 코 점막이 예민해지고 상처가 생겨 증상이 더 심해질 수 있습니다.

코를 빨아들이기보다 생리식염수를 이용해 코를 청소해주는 편이 오히려 비염 치료에 효과적입니다. 생리식염수는 체액의 농도와 가장 비슷하며 콧속을 깨끗하게 정화하고 면역력을 키울 수 있도록 도와줍니다. 아이가 숨 쉬기 힘들어할 때 콧속에 생리식염수를 한두 방울 넣어준 후 10초 정도 지나서 코를 빼주면 더 부드럽고 시원하게 나옵니다. 한방 약재로 구성된 청비수를 이용해도 좋습니다. 코를 풀 때 휴지를 사용하면 피부가 자극받아 코 주위가 짓무를 수 있고, 먼지 때문에 코가 더 많이 나올 수 있습니다. 젖은 가제 손수건으로 코를 닦아주거나 손으로 풀어주는 것이 좋습니다.

초미세먼지 농도가 높은 날에는 최대한 외출을 삼가고, 외출하더라도 반드시 보건용 마스크를 착용합니다. 보건용 마스크는 아이 얼굴에 맞는 사이즈를 고르고, KF 80 이상인 것을 선택합니다. KF 수치가 너무 높은 마스크는 미세먼지 차단율은 높지만, 아이의 경우 호흡하기 힘들어할 수 있습니다. 어린아이는 KF 80

정도면 적당합니다.

여름철에는 아무리 더워도 에어컨이나 선풍기 바람을 직접 쐬지 말고 바람의 방향을 벽이나 천장으로 향하게 해 실내 온도를 전체적으로 낮춰줍니다. 비염 환자가 있으면 여름철 실내 온도는 24~26℃, 습도는 50~60% 정도로 유지합니다.

실내외 온도 차이를 줄이는 것도 중요합니다. 에어컨의 차고 건조한 바람은 촉촉해야 할 코 점막을 건조하게 만들고, 코 점막이 건조해지면 제 기능을 하기 어렵게 만듭니다. 작은 자극에도 예민하게 반응하고, 늘 코가 막힌 상태로 있게 되며, 심지어 냄새를 맡는 것도 문제가 생길 수 있습니다. 에어컨을 사용할 때는 자주 환기하거나 공기청정 기능을 함께 사용하도록 합니다.

비염 & 부비동염 치료는 이렇게!
함소아 치료 프로세스

비염이나 부비동염 치료에 항생제, 해열제, 항히스타민제, 스테로이드제 등 약물 남용이 걱정된다면, 한방 치료는 좋은 대안이 될 수 있습니다. 즉각적인 증상 완화에 치중하기보다 증상 완화와 함께 아이가 병을 떨쳐낼 수 있는 건강한 상태로 회복하는 것이 중요합니다.

비염과 부비동염의 차이

구분	비염	부비동염
주요 증상	콧물, 재채기, 코막힘, 가려움	발열, 누런 콧물, 코막힘, 압통
부대 증상	눈코 가려움, 후비루, 비릿한 입 냄새	후비루, 기침, 두통, 악취
콧물 양상	맑은 콧물	누런 콧물, 황록색 콧물
병변	비강 점막의 염증 상태	부비동의 염증 상태, 분비물 축적
종류	급성 비염, 알레르기 비염, 비후성 비염, 혈관운동성 비염	급성 부비동염, 아급성 부비동염, 만성 부비동염
발병 시기	만 1세 이후	만 4세 이후
주의할 약	항히스타민제, 스테로이드제 등	항생제, 해열진통제 등

1. 비내시경으로 증상 확인 및 진단하기

아이가 다양한 코 증상으로 내원하게 되면 문진, 진맥과 함께 비내시경을 통해 콧속 환경을 면밀히 관찰한다. 비강 발달 상황과 점막 상태, 비갑개에 농이 고인 상태, 후비루 등을 보고 감기, 비염, 부비동염 등을 확인한다.

2. 주 1~2회 호흡기 치료하기

주 1~2회 내원하여 한방 약제로 콧속을 세정하고 적외선 치료, 향기 아로마요법, 비강 레이저, 적외선(양명경) 치료를 한다. 코를 세척하고 염증을 완화하는 데 도움이 된다.

3. 영향혈 전자뜸 하기

영향혈은 양쪽 콧방울 바로 옆 오목하게 들어간 부위로 콧물, 코막힘 치료에 효과적이다. 40~42℃의 전자뜸으로 따뜻한 기운을 불어넣어 부비강 내 혈액 순환을 개선하고 비염이나 부비동염 증상 완화에 도움이 된다.

4. 아프지 않은 침 놓기

작탁침, 자석침 등 아이가 무서워하지 않도록 개발된 침을 이용해 코 증상을 완화하고 호흡기 면역력을 높여준다. 아이 증상에 맞춰 필요한 혈자리에 놓는다.

5. 코 연고 바르기

코 증상 완화에 도움 되는 약재로 구성되어 있으며 비강에 직접 사용하는 한약이다. 청비수, 청인수, 청비고로 이루어져 있다. 청비수와 청인수는 병변 부위에 직접 분사하는 스프레이 약으로, 코 세척 및 염증 완화를 돕는다. 청비고는 콧속에 바르는 한방 연고로 염증 완화에 도움이 된다.

6. 한약 복용하기

아이의 체질, 증상별 일대일 맞춤 한약을 처방한다. 면역 기능을 높이고 비점막 기능 개선에 도움이 된다.

7. 천연 상비약으로 관리하기

항생제 없는 천연 성분으로 만들어진 증상별 상비약이다. 갑작스럽게 콧물, 재채기, 코막힘 등의 증상이 시작될 때 복용하면 증상 완화에 도움이 된다.

코 건강 생활 습관!
비염과 작별하는 매일매일 코 세수

　평소 잦은 비염 증상에 시달린다면 깨끗한 생리식염수를 이용해 콧속을 씻어줍니다. 학령기 아이라면 부모의 지도를 받으며 어렵지 않게 코 세수를 할 수 있습니다. 코 세수는 콧속을 깨끗하고 촉촉하게 유지해 코 점막 기능 향상에 도움이 됩니다. 감기 예방을 위해 손 씻기를 한다면, 비염 증상 완화를 위해 코 세수를 해야 합니다.

시작하기 전에

- 만 5세 이상부터 할 수 있으나 아이가 겁을 먹고 울며 거부하면 좀 더 나중에 시도한다. 손위 형제나 부모가 하는 모습을 시범으로 보여 줘도 좋다. 코 세수를 할 때는 반드시 부모가 옆에서 지켜보며 도와주어야 한다.
- 비염, 부비동염이 심할 때는 코 세수를 매일매일 해주는 것이 좋다. 아침 세수 후나 저녁 세수 후 등 일정한 시간에 한다. 매일 규칙적인 습관을 들이기까지 시간이 필요하므로 한두 달 간은 적응 기간으로 삼는다.
- 최근 중이염을 앓았던 아이는 주치의와 상의해 코 세수 시작 시기를 정한다.

준비물

코 세척 용기, 생리식염수 300ml(또는 미온수 300ml, 코 세척 전용 식염 분말 가루 1포), 세숫대야, 수건, 휴지

코 세수 방법

1. 코 세척 용기에 생리식염수 300ml를 담는다. 생리식염수 대신 정수된 미온수 (36℃ 정도) 300ml에 코 세척 전용 식염 분말가루 1포를 섞어 사용해도 된다. 분말가루가 잘 녹게 코 세척 용기를 흔들어 준다.

2. 세숫대야를 놓고 코 세척 용기의 물이 나오는 입구를 아이의 한쪽 코에 댄다. 이 때 아이에게 입을 벌린 채 '아' 소리를 내게 한다. 침은 삼키지 않게 한다.

3. 용기 아랫면의 에어밸브를 눌러 생리식염수가 콧속에 들어가게 한다. 반대쪽 코로 생리식염수가 나오는 것을 확인한다.

세 살 감기, 열 살 비염

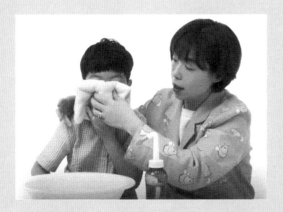

4. 코 양쪽을 번갈아가며 씻는다. 씻은 후 흘러나온 코는 닦아준다.

주의 사항

- 코 세수가 끝나고 양쪽 코를 세게 풀면 귀에 압력이 전해질 수 있다. 한쪽 코를 막은 상태에서 번갈아 가며 약하게 풀게 한다.
- 코 세수를 시작한 지 한두 달 간은 주 1회 진료를 받으며 아이가 코 세수를 올바르게 하고 있는지, 귀에 충혈된 부분은 없는지 등을 살핀다.
- 아이가 귀가 멍멍하다고 하거나 아프다고 할 경우 진료를 받는다. 코 세수를 할 때는 부모가 잘 지켜보며 차근차근 진행한다.

5장

아이 생애주기별
올바른 건강 습관

01

우리 아이
평생 건강을 위한 길잡이

중요한 것은 부모의 인식

아이가 감기에 걸리면 부모들은 먼저 무엇을 할까요? 아마도 체온을 재고 해열제를 찾는 일일 것입니다. 아이가 감기에 걸리면 가장 걱정스러운 것이 바로 열이니까요. 아이들은 방금 전까지 잘 뛰어놀다가도 열이 오르면 얼굴이 벌개지고 시름시름 앓으며, 축 처져 누워 있습니다. 당연히 체온이 38℃만 넘어가도 부모들은 아이가 잘못되지 않을까 걱정을 합니다.

그러나 부모가 걱정하는 만큼 열이 오르는 것은 위험하지 않습니다. 한의학에서도 아이가 열을 제대로 발산해야 감기가 빨리 낫고 면역력도 커진다고 말합니다. 간혹 어떤 부모들은 아이가 열이 많이 나면 경기를 일으킬 수 있기 때문에 해열제를 찾는다고 하는데, 감기로 인한 발열이 꼭 열성 경련이나 뇌전증(간질)을 불러온다고 할 수 없습니다. 그리고 아이가 그런 증상을 보인다면 해열제만으로는 해결할 수도 없습니다.

항생제 문제도 그렇습니다. 상기도에 일어난 감염이 하기도인 폐렴으로 발전할 가능성이 높기 때문에 항생제를 쓴다고들 하는데, 이는 과잉 처방입니다. 코를 훌쩍이거나 재채기를 하거나 코를 킁킁대는 증상에도 항생제는 필요하지 않습니다. 많은 엄마들이 아이 감기가 심해지면 항생제를 쓰는 것이 좋다고 생각하지만 이는 잘못된 상식입니다.

1990년대 중반 이후 미국을 포함한 서구권에서는 항생제 과다 사용의 위험 때문에 감기와 같은 호흡기 질환에는 항생제 사용을 제한해오고 있습니다. 미국의 질병통제센터CDC나 식품의약국FDA은 2003년 감기와 독감에 대한 항생제 사용을 금했고, 2004년에는 "의사는 세균에 의한 감염이 확실한 경우에만 항생제를 사용해야 한다"라는 경고문을 모든 항생제에 명시하게 했습니다. 항생제 처방 비율이 다른 나라에 비해 현저히 낮은 뉴질랜드도 호흡기 질환의 치료 지침을 마련해 전 국민을 대상으로 홍보하면서 항생제 사용률을 줄이고 있습니다. 우리나라도 2000년대 후반, 약물 오남용 문제가 불거진 이후 항생제 사용에 대한 경각심이 끊임없이 제기되고 있습니다.

감기약도 마찬가지입니다. 만 6세 미만의 아이에게 처방하는 거담제, 진해제, 비충혈완화제, 항히스타민제가 감기 증상 완화에 효과가 없으며, 부작용의 위험이 있다는 사실은 널리 알려져 있습니다. 아이 감기에 무분별하게 사용하는 약들이 사실 감기를 치료하는 데는 아무런 소용이 없습니다.

그러나 문제는 머리로는 그런 사실을 받아들여도 마음으로는 받아들이지 못하는 부모들에게 있습니다. 약을 먹으면 감기가 빨리 낫는다고 생각해 아이에게 습관적으로 약을 먹입니다. 감기약이 아이의 증상을 가라앉히면 아이도 편하고, 부모도 편하기 때문이지요. 하지만 조금 편하자고 아이에게 무분별하게 약을 먹여서는 안 됩니다.

부모의 치료 습관이 중요한 이유는 이렇듯 잘못된 인식이 너무 강하게 자리잡고 있기 때문입니다. 이를 바로 알고 고쳐 나가야 올바른 치료 방법을 찾을 수 있으며, 아이 또한 힘들어하지 않고 병에 대한 면역력을 키울 수 있습니다. 이제 우리 부모들도 감기 치료에 대한 인식을 바꾸어야 합니다.

치료 시기를 알아야 과잉 대응하지 않는다

아이가 감기에 걸렸을 때는 올바른 치료 시기를 아는 것이 중요합니다. 호미로 막을 것을 가래로 막으면 오히려 주변 작물이 더 피해를 입듯이 아이의 질병 상태에 맞는 적절한 치료를 하지 않으면 병을 키우거나 건강한 면역 체계를 망가뜨릴 수 있습니다. 하지만 대다수 부모들은 적절한 치료 시기와 방법을 모른 채, 아이가 병에 걸리면 습관화된 대응을 합니다.

부모가 올바른 치료 습관을 갖기 위해서는 현재 자신이 갖고 있는 잘못된 치료 습관이 무엇인지 파악해야 합니다. 그리고 아이가 자주 앓는 질환의 적절한 치료 시기와 방법(항생제 사용 여부)을 확인해야 합니다. 아이가 아플 때는 병의 진행 상태(체온의 변화, 기침과 콧물의 양상, 그 밖의 특이사항 등) 등을 면밀히 관찰하고 상황에 따라 아이를 편하게 해줄 수 있는 돌보기 요령, 병원에 가야 할 상황 등에 대한 정보를 찾고 공부해야 합니다.

감기 치료 시점
- 열이 나기 시작해 72시간 이상 지속될 때
- 체온이 39℃ 이상일 때
- 열이 5일 이상 오르락내리락할 때

세 살 감기, 열 살 비염

・ 심한 콧물, 기침이 2주가 지나도 지속될 때

일반적으로 감기 치료 시점은 이와 같지만 예외도 있습니다. 이전에 폐렴이나 천식, (모)세기관지염을 앓았던 아이라면 감기 증상이 1주일을 넘어갈 경우 병원에 가야 합니다. 또한 이전에 호흡기 질환을 앓았다면 감기가 나은 후 반드시 호흡기 면역력을 강화시키는 치료를 받아야 합니다. 한의학적으로 문제점이 무엇인지 파악하고 호흡기 면역력을 강화하는 한약 치료를 함께 해주는 것이 좋습니다.

생활 습관만 바꿔도 감기의 절반은 낫는다

감기는 생활 습관 때문에 일어나는 질병입니다. 손만 잘 씻어도 감기의 70% 이상은 예방할 수 있습니다. 평소 아이가 감기에 덜 걸리게 하려면 생활 습관을 잘 관리해야 합니다.

우리가 주위에서 쉽게 구하는 양약은 복용하자마자 효과가 나타나기 때문에 많이 의존할 수밖에 없습니다. 그러나 양약은 대부분 증상을 없애는 데 목적을 둡니다. 질병의 원인까지 치료하기에는 취약한 경향이 있습니다. 그러므로 생명을 위협하는 질병이 아니라면, 또 세균성 질환이 아니라면 단기적으로 증상을 다스리기보다 원인이 된 상황을 개선하고 생활 습관을 바꾸는 것이 오히려 근본적인 치료법이라고 할 수 있습니다.

한의학에서는 아이들 체질을 '순양지체純陽之體'라고 합니다. 아이들은 어른으로 자라는 과정에 있기 때문에 생명력이 왕성하고, 어른의 몇 배에 달하는 열이 몸속에서 생성되어 외부로 발산됩니다. 이렇게 열이 많다 보니, 열이 원활히 순환되고 소모되면 큰 문제는 없지만 순환이 잘 되지 않아 열기가 몸속에 뭉치면 갖가지 질병이 생기기 쉽습니다. 그래서 예부터 아이들을 시원하게, 서늘하게 키워야 한다고들 말하는 것입니다. 아이 몸의 성질이 '양陽'과 '열熱'이기 때문에 뜨거운 기운을 잘 다스려야 합니다.

아이들이 몸속의 열을 잘 다스려 건강하게 성장하기 위해서는 아이를 덥게 키우면 안 됩니다. 그렇다고 무조건 온몸을 차게 키우라는 뜻은 아닙니다. 머리는 시원하게, 배와 팔다리는 따뜻하게 해주어야 하는 것이지요. 아이는 머리가 시원하면 잠을 잘 자고, 배가 따뜻하면 비위(소화기)의 기운이 튼튼해져 영양의 소화, 흡수, 노폐물의 배설 기능이 좋아집니다. 그러면 아이의 신진 대사와 기혈 순환이 원활해지고 건강해집니다.

옷을 입힐 때도 상체는 시원하게, 하체는 따뜻하게 하는 것이 기본 원칙입니다. 추운 날에도 상체는 공기가 잘 통하는 옷을 여러 겹 입혀 땀을 많이 흘리지 않게 해주고, 하체는 따뜻하게 해줍니다. 두꺼운 점퍼에 의존하기보다 면 소재의 속옷과 내복을 든든히 입히는 것이 효과적입니다.

또한, 평소 아이의 체력을 향상시키기 위해 노력하고 피부를 단련시켜야 합니다. 아이가 첫돌이 지났다면 겨울에도 햇볕 좋은 날에는 밖으로 나가 햇빛을 쐬며 몸을 움직이게 해주어야 합니다. 집 안에만 있으면 오히려 신진 대사, 기혈 순환, 열 대사를 방해합니다. 아이가 잘 걷지 못해도 하루 10~20분 정도 산책을 하는 것이 좋습니다.

02

생후 0~6개월, 건강 관리는 태내부터 시작하자

아이의 건강을 지켜주기 위해서는 시기별 발달 특징과 건강의 위협 요소, 대표 질환 등을 알아야 합니다.

출생 전 자궁 환경이 아기의 초기 건강을 좌우합니다. 엄마가 임신 중에 인스턴트식품, 밀가루 음식, 매운 음식 등을 즐기거나 스트레스를 많이 받으면 자궁에 열독이 쌓이게 되는데, 출생 후 아이에게 태열이나 황달 등 열로 표현되는 증상이 나타날 수 있습니다.

생후 6개월까지는 부모로부터 물려받은 선천지기先天之氣, 즉 태내에서 물려받은 선천 면역으로 세상에 적응하는 시기입니다. 마치 잘 자라는 나무처럼 물기를 잔뜩 머금고 팽팽하게 하늘을 향해 자라기 때문에, 어느 때보다 체중이나 신장이 하루가 다르게 쑥쑥 큽니다. 생후 4개월이 지나면 출생 시 체중보다 두 배 가까이 늘고 젖살도 올라 신생아에서 아기다운 면모를 갖추게 됩니다. 생후 6개월 무렵에는 운동 능력도 확연히 발달해 누워만 있던 아기가 목과 허리를 가누게 되며 기대앉을 수 있습니다.

대표 질환　　황달, 태열, 신생아 배앓이(영아산통, 콜릭)

기본 돌보기　　출생~생후 6개월 아기의 건강은 태내에서 얼마나 잘 자랐는지가 중요하다. 태교에 신경을 쓰는 것도 이런 이유 때문이다. 임신 중에는 채소와 육류를 고루 섭취하고 정서적으로 차분하고 안정된 환경에서 지내야 한다. 아이와 태담을 나누며 정서적인 유대감을 만드는 것도 필요하다. 직장에 다니는 엄마라면 탄력근무제를 이용해 업무량을 조절하는 것도 좋다.

태내에서 보호하던 아이가 세상 밖으로 나오면 주변 환경은 물론 먹이는 것, 입히는 것 하나하나 세심히 신경 써야 한다. 너무 시끄러운 소음이나 강한 햇빛 등에 노출되는 것을 삼가고 목욕과 보습으로 피부 청결과 위생에 주의한다. 더불어 규칙적인 수유와 수면 습관을 가질 수 있도록 도와준다.

수유 중에는 엄마가 먹는 음식의 영양이 아기에게 전달되므로 너무 맵거나 짠 자극적인 음식은 피한다. 이유식은 섭식 기능 및 소화력이 발달하는 생후 4~6개월 무렵에 시작하는데, 아직 위장의 모양이 불안정하고 기능 또한 미숙한 아기라면 적합하지 않은 식품으로 너무 일찍 이유식을 시작하는 것은 좋지 않다. 알레르기 가족력이 있다면 생후 6개월 정도에 쌀이나 찹쌀 미음 등으로 시작한다. 아이의 체중이 출생 때보다 2배가량 늘고, 젖니가 나기 시작하며, 식탁 앞에서 입맛을 다신다면 곡물로 된 묽은 이유식을 1숟가락(20~30cc) 정도부터 시작한다.

한방 건강 관리 엄마로부터 받은 선천 면역의 힘으로 감기에 걸리는 일이 많지는 않다. 만약 태열 증상이 보인다면 피부가 건조해지지 않도록 실내 습도를 잘 맞추고 자극이 없는 아기 전용 보습제를 발라 진정시킨다. 생후 6개월 무렵이 되면 아기 스스로 후천 면역을 만들기 시작한다. 돌이 다가올수록 태열 증상은 서서히 없어지므로 생활 관리만으로 충분하다. 만약 이유식을 시작하고 태열이나 피부 증상이 더 심해지면 한방 연고 '자운고'를 처방받아 발라도 좋다.

참고로 〈동의보감〉에는 어린 아이를 위한 육아의 10대 원칙이 있다. 등을 따뜻하게 한다, 배를 따뜻하게 한다, 발을 덥게 한다, 머리를 차게 한다, 가슴을 서늘하게 한다, 괴이한 것을 보이지 않는다, 비脾와 위胃를 따뜻하게 한다, 울음이 멈추지 않았을 때는 젖을 먹이지 않는다, 경분輕粉과 주사朱砂처럼 독성이 있는 약을 먹이지 않는다, 배꼽이 떨어지기 전까지는 목욕을 주의해서 시킨다. 오늘날에도 참고할 만한 내용들이다.

세 살 감기, 열 살 비염

03

생후 7~24개월,
감기 치료의 첫 단추를 꿰자

선천 면역과 후천 면역이 교차하는 시기로 유아기에 해당합니다. 아이는 자신의 힘으로 목표한 곳을 바라보고, 만지고 싶은 것을 만지려 하며, 원하는 방향으로 움직이기 위해 기운을 씁니다. 이것은 선천 기운을 바탕으로 자신의 기운(후천 기운)을 만들기 시작한다는 의미인데, 입으로 먹은 음식을 에너지로 쓸 수 있게 된 것입니다. 겨우 앉아 있던 아이가 기고, 일어서고, 걷고, 뛰는 등 괄목할 만한 운동 발달을 이룹니다. 이유식을 끝내고 제법 어른과 같은 고형식을 먹게 되며 먹고 자는 일이 일정한 패턴을 형성합니다.

스스로 면역력을 만들지만 아직은 그 기운이 부족하기 때문에 감기와 같은 호흡기 질환에 감염되기 쉽습니다. 또 이유식 시기를 거쳐 다양한 음식물을 섭취하면서 아토피 피부염 등이 심해질 수 있습니다. 세밀한 운동 능력(질적운동성)은 계속 발달하지만 여전히 미숙한 몸놀림으로 인한 안전사고의 위험이 있습니다.

대표 질환　　감기, 감기 합병증(중이염, 기관지염, 폐렴), 장염, 아토피 피부염, 야제, 잘못된 식습관으로 인한 식욕 부진, 변비, 설사 등

기본 돌보기　　영양 공급과 더불어 아이의 운동 발달을 도와주는 일이 중요하다. 특히 어깨부터 손, 가슴 흉곽부터 배, 허벅지부터 발끝까지 자주 마사지를 해주는 것이 좋다. 목욕 후 로션을 발라주면서 아이의 팔다리를 자극해주는 것도 도움이 된다.

아이에게 먹이는 음식의 종류 또한 피부 반응 등을 살피며 서서히 늘려간다. 쌀 미음부터 시작해 감자, 당근, 고구마, 양배추 등을 조금씩 섞는다. 무르기도 처음에는 미음을 먹인 후 차츰 진죽, 된죽, 진밥 식으로 진행한다. 첫돌이 되면 무른 밥을 먹을 수도 있다. 아이는 어떤 음식이든 처음 경험하는 것이므로, 처음에는 재료 본연의 맛을 느낄 수 있도록 간을 하지 말고 점차 순한 양념이나 음식의 간을 더한다. 두뇌 발달이 폭발적으로 이루어지는 때이며 언어 능력의 기초가 쌓이는 만큼 엄마가 아이와 눈을 맞추고 이야기를 들려주는 것이 좋다.

한방 건강 관리 아이의 식습관과 수면 패턴이 잘 잡혔는지 평가한다. 이 시기는 특히 밤에 깨어 자지러지게 우는 야제 증상이 빈번하다. 수면 습관에서 아이가 잠들기 어려워 하는지, 여전히 밤중 수유를 하는지, 자다 울면서 깨는 일이 잦은지, 실내 온습도와 조명 등 잠자리 환경이 적합한지 등을 살펴본다. 요즘 아이들은 태어나서 밝은 빛과 소음에 바로 노출되는 만큼 TV나 컴퓨터, 스마트폰 소리 등을 주의한다. 만약 별다른 특이 사항이 없는데도 야제 증상이 일주일 이상 지속된다면 소아 한의원에서 진료를 받고 한약을 복용하는 것도 도움이 된다.

수유 방식, 이유식 시기, 음식 알레르기 여부, 수유량 및 음식 섭취량, 구토 빈도, 식욕 부진 여부 등 식습관 점검도 필요하다. 감기가 본격화되는 만큼 감기 횟수나 진행 양상 등을 파악한다. 특히 대변 색이나 형태, 냄새 등은 아이 건강의 척도가 된다. 동글동글한 토끼똥, 염소똥과 같은 변은 소화기에 식체가 있어 소화가 원활하지 않은 경우, 아이가 대변 볼 때마다 힘들어할 정도로 단단하고 굵은 변은 대장에 열이 많은 경우, 양이 작고 딱딱한 변은 몸 속 진액이 부족해서 생기는 경우가 많다. 건강한 변은 보통 황금색 바나나 모양이다. 아이의 변 상태를 늘 살펴 주치의에게 말하거나 사진을 찍어 보여주면 진료에 도움이 된다.

생후 12개월 무렵에는 첫돌 보약을 챙긴다. 도리도리, 지암지암, 곤지곤지, 작작궁 작작궁 등 영아기 아이들의 신체 발달, 정서 발달에 도움 되는 '단동십훈'을 생활 속에서 즐겨 한다.

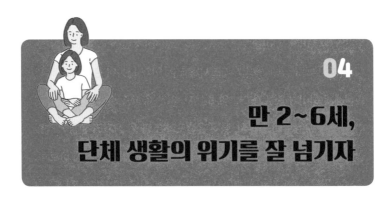

04

만 2~6세,
단체 생활의 위기를 잘 넘기자

　신체 발달은 물론 두뇌, 정서 등 모든 발달 면에서 괄목할 만한 발전을 이룹니다. 키는 태어났을 때의 두 배 가까이 자라며, 두뇌는 어른의 70~80% 수준으로 성장합니다. 주양육자와의 애착을 바탕으로 또래와의 사회 생활 또한 가능해집니다.

　첫 사회 생활을 하는 시기로 대다수 아이가 단체생활증후군에 노출되어 아이의 면역력 증진이 중요해집니다. 건강한 성장의 원천인 비위脾胃. 구강부터 항문까지 하나로 이어진 세상만물이 솟아나오는 바탕 기운을 북돋아야 합니다. 이 시기에 감기 이기는 법을 배우고 면역 기능을 완성해야 평생 건강의 기초를 쌓을 수 있습니다.

세 살 감기, 열 살 비염

상황이나 사람, 사물을 이해하고 해석하는 능력이 생겨, 자신의 생각이나 감정을 글, 그림, 말, 노래, 행동으로 표현할 수 있습니다. 사고력, 창의력이 발달합니다. 아직 면역 체계가 미숙하긴 하지만 이전보다 감기도 덜 걸리고 웬만큼 아픈 것은 견딜 수 있을 만큼 튼튼해집니다.

대표 질환　　감기와 감기 합병증(중이염, 기관지염, 폐렴), 장염, 아토피 피부염, 아토피 피부염 후의 천식이나 비염, 잘못된 식습관으로 인한 식욕 부진, 변비, 설사, 성장 부진, 부비동염, 단체생활증후군, 성장통 등

기본 돌보기　　부모가 언어 자극을 어떻게 주느냐에 따라 아이의 인지 능력과 언어 능력이 폭발적으로 발달한다. 단어를 여러 개 연결해 문장으로 말하는 것에 익숙해진다. 아이의 자존감 형성을 위해 아이의 이야기에 경청과 공감을 아끼지 말아야 하며, 아이 스스로 자신이 소중한 존재임을 느끼게 해준다.

식습관과 배변습관을 완성하는 것도 중요하다. 음식은 규칙적인 시간에, 제자리에 앉아서, 꼭꼭 씹어서 먹을 수 있도록 한다. 잘 씹는 버릇을 들이면 비위에 습담(노폐물)이 쌓이지 않아 소화기와 관련된 트러블을 겪지 않는다. 대부분 만 2~3세에는 대소변을 가릴 수 있지만 아직 혼자 뒤처리는 하기 어렵다. 부모가 옆에서 도와주고, 대변 상태(물똥, 토끼똥, 바나나똥 등)를 확인하며 아이 건강을 가늠해야 한다.

한방 건강 관리 신체 활동량 증가, 인지·언어 능력을 포함한 두뇌 발달, 단체 생활의 시작, 감염 질환에의 잦은 노출로 인해 아이에게는 절대적인 기력 보강, 면역력 증진이 필요하다. 식사로 섭취하는 영양이 부족하지 않은지, 식욕 부진과 같은 트러블은 없는지 점검한다. 면역 증진을 위해 규칙적인 생활, 영양 섭취, 적당한 신체 활동, 충분한 수면, 개인위생에 힘쓰고 아이 체질과 건강 상태에 맞는 보약도 고려한다. 계절 변화가 확연한 여름, 겨울을 앞두고 봄과 가을에 보약을 처방받아 먹이거나, 여름처럼 땀을 많이 흘리고 기력 소진이 많은 계절에 기운을 보충하는 보양식과 보약을 챙기는 것도 좋다.

1차 성장급진기인 만 3세를 지나면 성장 속도가 완만해진다. 식욕 부진이나 잔병치레가 성장 부진을 불러올 수 있으므로 주기적으로 아이의 성장 속도를 체크한다. 잘못된 배변 훈련으로 인한 변비, 호흡기 질환의 합병증으로 인한 중이염 등이 사라지는 시기이다. 만약 이 시기에도 아이에게 변비나 중이염 등이 지속되면 한방 진료를 받아본다.

05

만 7~10세,
기초 생활 습관을 기르자

한의학에서는 신腎의 기운이 자라 치아를 갈고 머리카락이 길어지는 시기라고 합니다. 신장의 기운은 한 가지에 집중하여 사물을 새기고, 자신을 되돌아보고, 정체성을 찾아가는 기운과 통합니다. 신기腎氣를 키워 집중력을 북돋아주면 전반적인 성장, 발달은 물론 학습 능력에도 긍정적인 효과를 발휘합니다.

학교에 다니면서 이전과 생활 패턴이 달라지는 만큼 아이가 잘 적응할 수 있도록 도와주어야 합니다. 학교 생활, 공부로 인해 스트레스가 쌓이고, 각종 군것질거리 섭취로 불균형한 식습관이 생길 수 있습니다.

학교생활이 익숙해지면 규칙적인 생활 패턴이 생기지만 일부 아이들은 자칫 늦은 밤까지 컴퓨터 게임을 하거나 TV를 시청하며 불규칙한 생활을 하기도 합니다. 이런 아이들은 수면 습관에 문제가 생겨 늘 피로하고 기운 없는 모습을 보입니다.

대표 질환 감기, 알레르기 질환, 반복적인 비염으로 인한 부비동염, 잘못된 식습관으로 인한 변비, 소아 비만, 성장 부진, 성조숙, 그 밖의 감염성 질환, 학교생활 초기의 분리불안, ADHD 등

기본 돌보기 아이가 학교생활에 잘 적응하려면 기상 시간, 수면 시간이 일정해야 한다. 등교 1시간 전에 일어나기, 밤 10시 전에 잠자리에 들기 등 수면 시간이 부족하지 않도록 규칙적인 생활 습관을 만든다.

이 시기에는 아이의 자립심과 자아정체감이 더욱 확고해진다. 자신의 의견을 내세울 줄도 알고, 옳고 그름에 대한 판단 기준이 세워지기 시작한다. 아이 앞에서 선생님이나 친구에 대해 함부로 이야기하지 말고, 타인의 의견에 존중하는 모습을 보여주는 것이 좋다. 아이가 친구들을 집으로 데려왔을 때 내 아이를 대할 때와 마찬가지로 친구들을 아껴주는 태도를 보여주는 것도 좋다.

초등학교 고학년이 되면서 수업 시간이 길어지고 학습 난이도가 올라가면 학교생활이 힘에 부칠 수 있다. 아이의 체력과 집중력을 길러 주어야 하며, 비염이나 부비동염, 만성 피로, ADHD 등 학습을 방해하는 질환이

있다면 치료해주어야 한다.

또한 아이의 스트레스 해소 및 정서적 안정을 위해 종종 부모와의 대화 시간이나 가족 나들이 기회를 갖는 것이 좋다. 특히 하나의 화젯거리로 긴 대화를 나누는 것이 좋은데, 상대방과 오랜 시간 대화를 하면 폐의 기운을 이용하게 되어 체력과 집중력을 기를 수 있다.

한방 건강 관리 잦은 감기나 알레르기 질환의 여파로 비염이 생길 수 있다. 아이의 호흡기 건강은 늘 예의주시해야 한다. 자아정체감이 생기다 보니 또래 친구들과 자신을 비교하기도 한다. 키가 작거나 뚱뚱한 외모 때문에 대인 관계에서 위축되고 소심해질 수 있다. 성장 부진이나 소아 비만에 대한 본격적인 관리가 필요하다.

특히 이 시기 소아 비만은 성조숙의 원인이 되기도 하므로 아이의 과잉 섭취나 운동 부족을 경계해야 한다. 학교생활에서 오는 스트레스, 감염성 질환, 변비 등 단체생활증후군 여부도 점검한다. 성조숙증을 예방하기 위해서는 밤 10시 전에 취침하기, 하루 3회 규칙적으로 식사하기, 하루 20분 정도 가벼운 산책하기, 잠들기 전 스마트폰·노트북·TV 시청 삼가기, 빵·과자·음료수·아이스크림 등 식품 첨가물이 많은 인스턴트식품 자제하기, 과도한 스트레스 주의하기 등을 잘 실천한다.

아이의 시력 발달은 만 6~7세 무렵 1.0에 도달하는데, 이전에는 모르다가 수업 중 칠판의 글씨가 안 보여 시력 저하를 발견하기도 한다. 취학 전 별다른 이상이 없더라도 미리 시력 체크를 해본다.

신체 면역력 외에 '정신(정서) 면역력'도 저하될 수 있다. 틱 장애나 ADHD 같은 증상이 발현될 수 있다. 과도한 학습보다는 아이의 안정적인 학교 생활 적응과 정서적 안정을 위해 노력하도록 한다.

06

만 11~12세, 신체 변화와 성장 속도를 살피자

　요즘 초등학교 고학년 아이들 상당수는 2차 성징과 함께 사춘기에 접어들고 2차 성장급진기를 경험합니다. 물론 그렇지 않은 아이들도 곧 2차 성장급진기를 목전에 두고 있지요. 신장과 심장의 기운이 왕성해지는 때라 1년에 7~10cm씩 키가 쑥쑥 자라고, 정서적으로 매우 풍부하면서 불안정한 시기이기도 합니다.

　부모는 아이의 신장과 심장 기운이 좋은 방향으로 뻗어갈 수 있도록 조절해주는 것이 중요합니다. 신장은 아이들의 건강한 성장을, 심장은 정서적 안정에 관여합니다. 자칫 심장에 쌓인 열을 잘 다스리지 못하면 성격의 기복이 심해지고 집중력이 떨어지는 등 불안정한 정서를 갖게 됩니다. 사춘기와 맞물리면서 부모나 학교에 대해 반항심을 갖기도 하지요. 과도한 학습, 인터넷 게임, 가정불화, 집단 따돌림 등의 문제로 아이가 스트레스를 받지 않는지 세심히 살펴야 합니다

대표 질환 학습 스트레스, 소아 비만, 성장 부진, 시력 저하, 만성 피로, 비염, 부비동염, 초경 이후의 생리통 등

기본 돌보기 부모의 품에서 벗어나 또래 친구들과의 관계 형성에 주력하게 된다. 친한 친구들끼리 몰려다니고 부모의 간섭에 싫어하는 내색을 한다. 하지만 부모와 자녀 사이의 지속적인 유대감이 아이에게 안정감을 주기 때문에 지나친 간섭은 하지 말아야 한다. 하루에 한 번이라도 온 가족이 식탁에 둘러앉아 대화 시간을 갖는 것이 좋다.

이 시기에는 성장이 급격히 이루어지면서 자칫 영양 부족이 올 수 있지만 섭취량을 늘리기보다 5대 영양소의 고른 섭취와 두뇌 활동, 근골격 성장에 도움되는 단백질, 칼슘 섭취에 신경 쓴다. 적절한 신체 활동으로 학습 스트레스를 발산하게 하고, 컴퓨터, 스마트폰을 통해 유해 사이트에 접속하지 않는지 살핀다.

한방 건강 관리 학습 능력이 중요한 시기이므로 아이의 학습을 방해하는 질환은 없는지 점검한다. 비염이나 부비동염으로 후비루, 코막힘, 코

골이 증상 등이 생기면 두뇌 산소 공급이 원활하지 못해 머리가 멍하고, 두통이 나고, 산만해지기 쉽다. 또 자려고 누웠을 때 기침을 하느라 얕은 잠을 자고 오랜 시간 잤는데도 늘 피곤에 시달릴 수 있다. 아이의 코 건강을 살피고, 다가올 2차 성장급진기를 대비해 성장을 방해하는 요소는 없는지 체크한다.

곧 어른이 되었을 때 최종 키를 완성한다. 성장의 발목을 잡는 것이 무엇인지 잘 살펴서 적극적으로 해결해주는 것이 좋다. 영양, 수면, 운동 등 성장에 필요한 세 가지 조건이 잘 충족되고 있는지 점검하고, 아직까지 아이가 비염, 부비동염을 고질적으로 앓고 있다면 완치를 목표로 접근해야 한다. 이후에는 성인 비염으로 확정될 수 있기 때문에 더 주의해야 한다. 2차 성징이 나타나면서 호르몬의 변화로 남자아이는 피지, 땀 등의 분비물이 늘어나 냄새가 날 수 있다. 여자아이는 초경을 시작하게 되므로 자신의 신체를 청결하게 관리할 수 있도록 부모가 알려준다. 아이의 신체 변화를 눈여겨보면서 아이의 성장 속도를 체크한다. 초경이 시작되면 많은 부모들이 성장 치료를 포기하는 경우도 생긴다. 초경 여부보다 성장판이 열려 있는지를 확인하고 '성장 마무리'를 위해 더 적극적으로 성장 치료에 집중해야 한다.

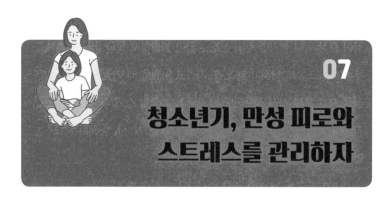

07

청소년기, 만성 피로와 스트레스를 관리하자

아동기를 벗어나 본격적인 사춘기, 청소년기를 맞이합니다. 우리나라 청소년들은 너무 빨리, 과도한 입시 경쟁에 뛰어듭니다. 밤 10시 넘어서까지 학원에서 공부하고 집에 돌아와 수행평가에 필요한 과제물도 챙겨야 하지요. 여가 시간이 생기면 운동을 하기보다 컴퓨터, 스마트폰으로 게임을 즐기기 때문에 운동 부족 문제도 심각합니다. 늘 수면 부족과 만성 피로에 시달릴 수밖에 없습니다.

아이가 과중한 학업으로 스트레스를 많이 받으면 부모의 말 한마디에도 공격적인 태도를 보입니다. 그래서 이 시기에는 간^肝의 기운을 잘 소통시켜 전신의 기혈 순환을 돕고 뭉쳐 있는 울화를 풀어주는 것이 좋습니다.

어른이 되었을 때 최종 키, 즉 신체 발달을 완성하는 시기이지만, 주체적이고 책임감 있는 태도를 갖추기에는 여전히 부족합니다. 그래도 부모가 아이를 인격적으로 존중하며, 아이 스스로 적성과 진로를 찾아 열심히 노력할 수 있도록 아낌없이 지지해주어야 합니다.

대표 질환 학습 스트레스, 만성 피로, 시력 저하, 만성 비염, 만성 부비동염, 여드름, 생리통, 생리불순, 긴장성 복통, 게임 중독 등

기본 돌보기 기복 없이 꾸준하게 공부하려면 집중력과 지구력이 필요하고, 체력이 밑바탕을 이루어야 한다. 자칫 영양이 과잉되면 운동 부족, 수면 부족과 맞물려 비만이 되기 쉽다. 주로 학교 급식, 분식, 패스트푸드 등으로 식사하겠지만 집에서만이라도 고단백 저칼로리의 식단을 준비하는 것이 좋다. 늦은 밤 소화에 부담되는 간식, 야식은 삼가고 가볍게 우유, 바나나, 말린 과일, 견과류와 대추차, 결명자차 등의 한방차를 준다.

공부할 때 나쁜 자세나 컴퓨터, 스마트폰의 과다 사용은 거북목증후군, 고양이등증후군을 불러올 수 있다. 최종 키가 완성되는 시기에는 바른 체형이 키를 더 키우는 데 도움이 되므로 아이가 바른 자세로 공부할 수

있도록 도와준다. 시력이 떨어지지 않는지도 체크한다.

부모가 아이 성적에 일희일비하기보다 아이의 꾸준한 노력과 성실성을 칭찬하고 아이가 원하는 적성, 진로를 찾을 수 있도록 도와준다. 부모의 입장이나 생각을 강요하기보다 아이의 이야기를 먼저 경청하고 공감하는 태도를 보여주는 것이 좋다.

한방건강관리 수면 부족, 과도한 학습이 만성 피로와 스트레스로 작용한다. 성적이 떨어지면 부모의 잔소리나 경쟁에 대한 불안감 때문에 정신적인 압박감을 느낄 수 있다.

시험 때면 긴장성 복통, 과민성 대장증후군을 겪기도 한다. 피로를 적절하게 풀어주고 스트레스를 발산할 수 있는 방법을 찾아주어야 한다. 주말 중 하루라도 시간을 내어 산행, 축구, 농구, 사이클 등 신체 활동을 할 수 있도록 이끌어준다. 주치의의 권유에 따라 유산균, 오메가3 등을 꾸준히 섭취하는 것도 좋고, 중요한 시험을 한두 달 앞두고 기력 회복이나 집중력·기억력 증진을 위해 총명탕, 공진단 등을 복용하는 것도 효과적이다.

일상생활에서는 여드름과 생리통 관리가 중요하다. 한의학에서 여드름 치료는 피부 면역력 증진을 돕고 몸속 과도한 열을 식힘으로써 피지 분비를 조절하고 피부 상태를 개선하는 방향으로 이루어진다. 여학생의 70~80%가 겪는다는 생리통은 한방 관리 및 치료가 더 중요하다. 진통제를 복용해 일시적으로 통증을 가라앉히는 것은 원인 해결이 되지 않고 자칫 생리불순이나 난임 등을 초래할 수 있다. 체질에 맞는 한약은 물론 뜸, 침, 향기 요법 등을 통해 자궁 문제를 해결한다. 평소 꽉 조이는 옷을 피하고 통풍과 보온이 잘 되는 옷을 입는다. 습하거나 찬 곳에 오래 있지 말고 차가운 음식을 줄인다. 혈액을 맑게 하고 몸을 따뜻하게 하는 쑥차, 익모초차, 생강차 등을 마시면 생리통 완화에 효과적이다

성장 단계별 건강 포인트가 한눈에!
우리 아이 성장 지도

아이는 일정한 패턴에 따라 차근차근 성장합니다. 대근육과 소근육이 발달하고, 인지 능력과 언어 능력이 발달하며, 단체 생활과 함께 사회성이 발달합니다. 아이의 성장은 조금씩 진행되다가도 어느 순간 도약하듯이 훌쩍 뛰어넘기도 합니다. 그러면 부모는 아이의 성장을 이해하기 위해, 따라잡기 위해 혼란스러운 적응기를 보내야 합니다.

하지만 아이의 성장 지도를 살펴보면 언제 어려운 시기가 찾아올지 예상이 가능합니다. 아이를 위한 최적의 성장 플랜을 세울 수도 있습니다. 출생 후부터 2차 성장급진기가 끝나는 17세까지의 성장 지도를 한눈에 살펴보고, 각 시기별 성장 포인트와 필요한 건강 관리를 알아봅니다.

* 성장 지도는 편하게 잘라 쓰실 수 있도록 책 맨 마지막에 있습니다.

옛날 감기, 요즘 감기

한방소아과 전문의가 되고 함소아한의원에서 진료를 시작한지 어느새 15년. 그동안 많은 아이들을 만났고 그중 가장 많이 진료한 질환이 감기와 비염이었습니다.

십수 년동안 감기, 비염을 진료하고 치료했다면 도가 틀 거 같은데도, 신기하게 십 년 전의 감기와 요즘 감기는 사뭇 다릅니다. 우선 감기의 유행 시기가 따로 없습니다. 유독 환절기에 극성을 부렸는데 이제는 여름 감기가 많아졌습니다. '오뉴월 감기는 개도 안 걸린다'는 말이 무색할 정도입니다.

비염도 마찬가지입니다. 비염은 보통 봄가을 환절기와 겨울에 많이 나타났는데 요즘은 여름에도 굉장히 많은 비염 환자들을 만날 수 있습니다. 통년성 비염과 계절성 비염의 경계가 사라진 셈입니다.

감기보다 비염 환자가 더 많아진 것도 진료실의 달라진 풍경입니다. 열 나고 목 아프고 콧물, 기침하는 전형적인 감기보다, 콧물만 나거나 콧물이 뒤로 넘어가면서 기침하는 증상을 보이는 아이들이 더 많아졌습니다.

독한 감기가 유행하는 것도 자주 보게 됩니다. 바이러스가 진화하면서 감기 증상이 더 복잡해지고 독해진 양상을 보입니다. 배로 앓는 감기, 즉 바이러스성 장염도 훨씬 더 자주 보입니다. 아이들이 체격은 좋아졌지만 면역력은 대체적으로 허약해졌습니다.

몇십 년 전만 해도, 일부 아이들만 유치원을 다니고, 학교 입학식 때 이름표 뒤에 하얀 손수건을 다는 일이 당연했습니다. 그때는 단체 생활을 늦게 시작해도, 콧물을 달고 지내도, 큰 문제라고 생각하지 않았던 것 같습니다. 요즘은 어떤가요? 아이한테 콧물이 보이면 바로 병원에 가서 콧물부터 바싹 말립니다.

아이들의 자녀 양육 방식도 많이 달라졌습니다. 오늘날 개인주의 사회, 이웃과 단절된 사회에서도 자녀 양육만큼은 다릅니다. 인터넷은 물론 아파트 단지 내에서 자신들만의 커뮤니티를 형성해 정보를 공유합니다. 어린이집, 유치원, 학교, 학원 등의 공동체를 만들어 같은 공간에서 밥 먹고, 공부하고, 놀면서 시간을 보냅니다. 달라진 지금의 삶의 방식이 아이들의 면역력이 좋아질 기회를 주지 않는 것이 아닌가 하는 생각이 듭니다.

저는《세 살 감기, 열 살 비염》을 통해 부모가 아이를 믿고 감기와 싸워볼 기회를 주어야 한다고, 그래야 면역력을 키울 수 있다고 얘기하고 싶습니다. 아이가 열이 오르고 콧물에 기침까지 하면 '한바탕 전쟁을 치르느라 열이 나는구나', '몸속에 들어온 나쁜 병균을 물리쳐 콧물과 가래로 배출하는구나'라고 생각할 수 있어야 합니다. 감기 증상이 심해질까 봐 해열제, 항생제 등을 미리 복용해서는 안 됩니다. 미리 복용한다고 병이 빨리 낫는 것이 아닙니다. 아이가 감기를 방치해서 병을 키웠다? 아닙니다. 아이가 감기와 싸워볼 기회를 주어야 이겨낼 수 있습니다.

열을 빨리 떨어뜨리고 콧물과 가래를 빨리 사라지게 하는 것보다 근본적으로 아이의 '면역력'을 키워주는 것이 더 중요합니다. 감기를 무조건 방치하는 것이 아닙니다. 부모가 감기를 잘 알고, 아이가 잘 이겨내도록 도와준다면 아이는 스스로 면역력을 키우며 건강하게 자랄 수 있습니다.

아이 둘을 키우며 한때는 집에 감기 한약이 떨어질 날이 없었습니다. 다행히 최근 몇 년 전부터는 집에서 감기약을 찾아볼 수 없을 만큼 병치레 횟수가 놀랍게 줄었습니다. 조금만 잘 견디면 됩니다. 내 아이의 면역력을 믿어보세요.

한방소아과 전문의, 한의학 박사

신동길

세 살 감기, 열 살 비염

초판 1쇄 발행일 2019년 9월 16일
초판 3쇄 발행일 2023년 6월 5일

지은이 신동길, 장선영, 조백건

발행인 윤호권
사업총괄 정유한

편집 정상미 **디자인** 정정은, 김덕오 **마케팅** 김솔희
발행처 ㈜시공사 **주소** 서울시 성동구 상원1길 22, 6-8층(우편번호 04779)
대표전화 02-3486-6877 **팩스(주문)** 02-585-1755
홈페이지 www.sigongsa.com / www.sigongjunior.com

글 ⓒ 신동길, 장선영, 조백건, 2019

ISBN 978-89-527-3921-6 13590

*시공사는 시공간을 넘는 무한한 콘텐츠 세상을 만듭니다.
*시공사는 더 나은 내일을 함께 만들 여러분의 소중한 의견을 기다립니다.
*지식너머는 ㈜시공사의 브랜드입니다.
*잘못 만들어진 책은 구입하신 곳에서 바꾸어 드립니다.

★★★ 2차 성장급진기

10-17세 성장과 학습 두 마리 토끼 잡기

숙중 관리
키우기

10-12세 | 여아 2차 성장급진기 시작　　12-14세 | 남아 2차 성장급진기 시작

기
에
기

**여아 집중 성장
조기 사춘기 프로그램**

**남아 집중 성장
프로그램**

항상 피곤하고
아침에 일어나기 힘들어함
체력이 곧 성적

**집중력 강화 및 체력 회복
공진단, 경옥고**

9세	10세	12세	14세	17세
○	○	○	○	○
/27.53kg	남 138.85cm/35.53kg	남 151.42cm/45.43kg		
/26.56kg	여 139.12cm/34.40kg	여 151.66cm/43.74kg